别担心，
你只是心灵感冒

曹秉蓉　胡丽　马玲　著

成都时代出版社
CHENGDU TIMES PRESS

代序

没有心理健康就谈不上身体的全面健康。据统计，我国成年人精神障碍终生患病率为16.6%，排在第一位、第二位的分别为焦虑障碍、心境障碍；《中国国民心理健康发展报告（2019~2020）》显示，我国24.6%的青少年抑郁，其中重度抑郁的比例为7.4%。然而社会偏见、歧视仍广泛存在，讳疾忌医者多，科学就医者少。

健康的第一责任人是自己，心理健康的第一责任人也是自己。"人民日益增长的美好生活需要和不平衡不充分的发展之间的矛盾"已成为我国社会的主要矛盾。各种各样的精神心理学教材、专著、精神障碍防治指南，及有限的精神心理卫生服务资源难以满足广大人民的需求，只有加强精神心理健康知识的科普，帮助人们了解常见精神心理、行为问题的特征与处理常识，才能使人们更好地成为自己心理健康的责任人。

对精神心理健康类知识的科普势在必行。党的十九大提出要"加强社会心理服务体系建设,培育自尊自信、理性平和、积极向上的社会心态",2018年11月国家卫生健康委、中央政法委、中宣部等10部门联合印发了《全国社会心理服务体系建设试点工作方案》,提出要加强全民健康意识,健全心理健康科普宣传网络,显著提高城市、农村普通人群心理健康核心知识知晓率。《中国公民健康素养66条》《"健康中国2030"规划纲要》《关于加强心理健康服务的指导意见》《健康中国行动(2019—2030年)》等都强调健康优先,要把健康摆在优先发展的战略地位,迅速普及健康理念、健康生活方式就成了重要手段。

作为一名工作了二十多年的资深精神心理专业医师,笔者深知宣传精神心理卫生知识的重要性;作为四川大学华西医院心理卫生中心的支部书记兼副主任,以及四川省预防医学会行为与健康分会主任委员,更感责任重大。为贯彻落实党的十九大精神,以习近平新时代中国特色社会主义思想为指导,本着科普性、实用性、启发性的原则,以案为例,或专家点评,或患者口述等多种形式,意在面向全社会弘扬精神心理科学精神、传播精神心理科学思想、普及精神心理科学知识、倡导精神心理健康科学方法,推动"全疾病周期"的预防治疗康复理念向"全生命周期"的预防治疗康复理念转变,建立"家庭—学校/单位/社区—医院"的全方位、全社会关注体系,突出家人、个体的主体意识,坚持预防为主,传播精神心理行为问题"早发现、早诊断、早治

代序

疗、早康复"的"四早"理念。为此，四川大学华西医院心理卫生中心、四川省预防医学会行为与健康分会联手成都时代出版社打造"萤火虫心理健康科普丛书"，希望能为加快实施"健康中国"战略，促进公民身心健康，维护社会和谐稳定尽自己的一份力量。

邱昌建

自 序

人们都知道,我们的身体会生病。身体生病了,就需要治疗。而我们的"心灵"会生病吗?其实,我们的"心灵"就如我们的身体一样,也会生病。有人就把"心灵"生病称为"心灵感冒"。"心灵感冒"的表现形式多种多样,且大多都具有复发率高、对健康的影响明显等特点。就拿与由情绪显著异常构成的"心境障碍"来说,就包括重症抑郁、恶劣心境障碍、双相情感障碍等。据世界卫生组织(WHO)统计,截至 2020 年,抑郁症已成为继冠心病之后的世界第二大疾病负担源。可是,虽然许多人,甚至小学生可能都知道身体感冒的很多表现,但了解"心灵感冒"的人却少之又少。人们希望自己保持健康的状态,这既包括身体是健康的,同时也包括"心灵"是健康的。可是对"精神疾病"一词人们却常常谈之色变、讳莫如深。这一方面是由于人们尚没有接受"心灵也会感冒"这一观念,另一方面也源于人们

对"心灵感冒"知之甚少。不了解则产生偏见,有偏见则易误解,误解则易让人讳疾忌医。这种误解,尤其是来自家人、朋友的,更是让人们在出现"心灵感冒"时不能直面,不愿也不敢公开、积极地寻求有效的帮助,当然也可能找不到有效合理的治疗途径,从而错失了治疗的关键时机,并使其作为社会人的功能状态受到明显的影响,留下不少遗憾。这就给人们留下一种"心灵感冒"是"洪水猛兽"的印象,让人们没有勇气去接受治疗。其实,从现代医学的角度看,大多"心灵感冒"是可以治疗的,也能得到良好的治疗效果。本书将分享"心灵感冒"的那些事,部分内容会通过临床案例的形式来呈现。希望通过本书的分享,可以让大家对"心灵感冒"及其治疗有更深入更客观的认识;希望通过本书的分享,可以让大众能更理解"心灵感冒"是怎么回事,能给予"心灵感冒者"更多的关爱和支持;希望通过本书的分享,可以让"心灵感冒者"看到更多的希望,能有更大的勇气直面遇到的困难,也能更便捷地找到科学合理的他助、自助的渠道和方式,帮助自己走出困境。

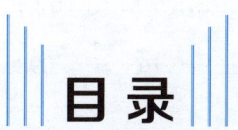
Contents

第一章
"心灵感冒"的困惑——就诊前篇

一、"心灵感冒"的就诊规则，你懂多少？ ················ 003
二、人生盲盒——精神疾病能痊愈吗？ ···················· 016
三、选择困难症——如何挂专家号？ ························ 026

第二章
与"心灵感冒"的对话——治疗篇

一、精神科的玄关　开放或封闭的病房如何选 ············ 033
二、治疗三部曲　关于疾病治疗的那些事 ················· 042
三、问世间"电疗"为何物？　正确认识电休克治疗 ········ 050

四、不可或缺的治疗——物理治疗 ………………… 060
五、"聊一聊"的治疗——心理治疗 ………………… 068
六、精神科的听诊器——精神科量表测评 ………… 087
七、精神科的独门绝技——保护性约束 …………… 098

第三章

"心灵感冒"的康复之路——康复篇

一、何为精神康复治疗？ ……………………………… 113
二、康复之路重头戏——服药管理 ………………… 124
三、久"护"成医 ……………………………………… 135

第一章

"心灵感冒"的困惑

——就诊前篇

别担心,你只是心灵感冒

第一章 "心灵感冒"的困惑——就诊前篇

 "心灵感冒"的就诊规则，
你懂多少？

提起"精神科"，总会让人产生一种恐惧和害怕的感觉，否认自己患有精神疾病的重型精神障碍者并不会主动求医，而知道自己患有疾病的轻症患者却又不知道这样的情况该前往哪个科室就医。在大众眼中，那种疯疯癫癫、攻击他人、言行紊乱的患者才需要到精神科就诊。这就导致了很多属于精神科诊疗范围的患者往往辗转于多家医院、多个科室，不仅延误了治疗时间，还增加了诊疗费用。现在，我们就带大家一起去了解一下精神科就诊到底有哪些规则。

【案例】

　　今天，我们遇到这样一位女性患者，从年初开始因为工作压力大、家庭矛盾，已经有很长一段时间都无法开心了。她不想出门，工作也没有办法完成，连最好的闺密也不想搭理。她会阵阵心慌、烦躁，对什么事情都没有兴趣，一天大部分时间都坐着发呆，总要去想一些悲伤的事情，眼泪也变得不受控制，整日茶不思、饭不想，夜间辗转难眠，精神状态越来越差，人看上去憔悴了许多。她时不时地觉得活着没有意义，甚至会去想用什么方式来结束自己的生命。身边的朋友看到她这样，十分担心，不知道她究竟出了什么问题。家人想带她去看病，却内心困惑，不知道该挂什么科。不是有阵阵心慌吗？挂个心血管内科吧；不是最近没什么食欲，人也明显消瘦了吗？再挂个消化科看看吧；会不会是更年期呢？要不要再看看妇科、内分泌科呢？……就这样，一家人摸不着头脑地来到了医院，奔赴于各个科室，见了多位专家，完成了多项检查，结果没有发现任何异常指标，最后悻悻而归。当然，患者的情绪状态并没有得到丝毫改善，反而越来越遭糕。

第一章 "心灵感冒"的困惑——就诊前篇

后来,她的朋友看到一段抑郁症科普短片,灵光乍现,拨通了她的电话。当她听到"抑郁症"这三个字时,立即表现出了排斥:"我就是心情不好,怎么可能是抑郁症?那是精神病,我不可能得精神病。"朋友无法说服她,事情就这样拖了下去。半年时间过去了,也不见好转,家人们终于按捺不住了,计划着先了解一下情况,尝试着先挂个精神科预约号。来到医院,看到门诊上熙熙攘攘的就诊患者,并不是像他们想象中的"精神病人"那个样子,家人似乎意识到了什么,立即前往诊疗医师介绍栏认真地看起来。宣传栏里虽然每一位专家都有详细的介绍,可看了后家人还是蒙了:这些亚专业我又该怎么理解呢?什么物

质依赖,什么精神障碍,什么应激障碍……看得人眼花缭乱,我们这样的情况又该属于哪个亚专业,又该挂哪个医生的号呢?更头痛的是,还分别有专科门诊和心理咨询,这两者又有什么区别?作为初次就诊的人,顿时一头雾水!

知识点

1. 有哪些症状出现了,你就应该去精神科就诊?

一说起精神科,许多人都会下意识地将其与那些语无伦次、无故傻笑、行为荒谬、丧失理智的精神病人联系起来,所以当自己可能出现相关问题时往往讳疾忌医,浪费了时间、金钱不说,还可能延误了病情,严重地影响疾病预后。其实,去看精神科,人们并不总是为了眼中的"精神病"而去的,有时也是为了让自己"更加精神"!那么当出现哪些症状时,就是身体在提醒你应该去精神科就诊了呢?

✈ 情绪

无缘由的情绪低落,总是心情不好。要注意这里的"总是"二字。诚然,月有阴晴圆缺,人的情绪在日常生活中确实会起起落落，但如果生活中并未发生有导致心情不好的不良事件，或者即使存在一些不良事件，但这些事如果放在人生的另一个阶段，或者与自己境遇相似的另一个人身上，并不会觉得有何大不了的，而你却深陷"低气压"中，无法自拔，并且逐渐出现对生活的态度变得比较消极、对人际交往显得没以前那么主动热情、对工作变得没以前那么投入甚至感到厌恶等，以至于影响到了自己正常社会角色该有的能力状态，并且这些情况出现超过两周，即使通过休假、旅游、与家人好友谈心等方式自我排解依然无缓解的迹象，那么你就需要到精神科就诊了。

躯体症状

躯体不适但又查不出原因。一种情况是躯体不适症的病症表现可谓五花八门，一会儿头疼，一会儿腹疼，一会儿胸闷，一会儿又感觉心慌、呼吸费力……这些躯体不适部位不固定，甚至有时难以用言语描述；而另一种情况是躯体不适固定于某一部位，如咽部异物感、鼻孔堵塞感、头部压迫感、耳鸣脑鸣感……本人对这些不适感十分关注，总担心自己患上了什么重大疾病，但任何检查、化验都未发现相应的脏器、系统存在病变的依据，或者即使有一些指标异常，也与躯体不适的性质和严重程度明显不符。检查的结果以及医生认为无病的解释都无法打消你对自身健康状况的疑虑时，建议你到精神科就诊。

🔖 性格改变

个人的性格脾气突然无故地发生了很大变化。俗话说"江山易改本性难移",一个人的性格一般来说是相对稳定的,但如果没有遇到重大事件或遭遇严重生活起伏,脾气性格就突然出现很大的变化,比如原本比较节俭的人变得特别大方,胡乱花钱,或平日相当内敛的人忽然整日显得异常兴奋,主动和陌生人交朋友,到处施舍钱财,那么建议你到精神科就诊。

🔖 言行异常

当一个人自述能看见别人都看不见的东西,能听见别人都听不见的声音,闻到别人都闻不到的味道,或总是认为有人在跟踪、监视自己,有人想要对自己或自己的亲友不利,而且对这些与客观事实严重不符的主观判断坚信不疑,听不进他人劝告、解释等,请家人尽快将他送至精神科就诊。

🔖 睡眠

睡眠质量在相当长的一段时间里都是令人不满意的状态,比如夜间难以入睡、维持睡眠困难、早醒等,都是精神科诊治的范围。

另外,如果出现自杀、自残的想法或行为,随时表露出"活着没有意思,太痛苦了""想解脱"等想法,或者突然整理或向亲友赠送自己的重要物品,请不要犹豫,即刻去精神科就诊!

知识点

2. 怎样选择到精神科就诊?

通常人们在就诊前都会先查看医生介绍，既想找一个专业"对口"的医生，又想找一个所谓"最好"的医生。在精神科就诊，专业分类很细，其大类别主要有精神专科门诊和心理咨询及治疗门诊。

我们来了解一下精神疾病专科，它共分为10个亚专业，包括：重症精神病学、情绪与应激医学、成年精神病学、儿童青少年精神医学、老年与神经精神医学、心身医学、精神药理与成瘾医学、精神康复医学、社区精神医学、罕见精神疾病。不同亚专业，科科有特色，科科有专长。下面一一介绍一下这些亚专业。

重症精神病学

主要进行精神疾病危机状态的高效率紧急医学干预及心理干预，包括急性期冲动激越的快速物理、药物与心理干预整合治疗。

情绪与应激医学

特色病种包括广泛性焦虑障碍、惊恐障碍、社交焦虑障碍、恐惧障碍、抑郁障碍、创伤后应激障碍等。

成年精神病学

特色病种包括精神分裂症、双向情感障碍等,症状包括敏感多疑、言语行为异常、经常处于警惕的状态、感觉周围人对自己不利、认为饭菜有毒而拒食等。

儿童青少年精神医学

诊治包括儿童孤独症、多动症、自闭症、儿童情绪障碍等疾病,症状包括孤僻少语、不和别人接触、无眼神交流、不听指令、情绪不稳定、冲动攻击、自伤等。

老年与神经精神医学

老年精神病多由器质性疾病伴发,像脑血管病、肿瘤、垂体功能异常、老年痴呆等,症状包括常常将日常所做的事和常用的一些物品遗忘,外出后找不到回家的路,甚至在家中找不到自己的房间,不能完成日常简单的生活事项(如穿衣、进食等)。

心身医学

专业收治抑郁、焦虑、睡眠障碍、慢性疼痛、强迫症、进食障碍等疾病以及各种躯体疾病伴发的精神心理问题的患者,症状包括控制不住的担心、紧张,严重的"窒息感""濒死感",失眠多梦,总是高兴不起来,对活动不感兴趣,悲观厌世等。

精神药理与成瘾医学

特色病种包括对毒品、酒精、镇静催眠药、镇痛药物、游戏、赌博等行为成瘾。

精神康复医学

以"复元"理念为导向,在成年精神病学亚专业个体化精准治疗的基础上,致力于在精神障碍全病程个体化多方位治疗管理中发挥重要作用,通过提供早期、全方位、个体化的康复心理干预,提高患者治疗依从性、减少疾病复发。

社区精神医学

为精神障碍患者提供从院内治疗康复走向社会的外展服务,通过与院内服务的衔接,构建医院社区一体化的精神康复服务模式,为出院患者直接提供康复服务。

罕见精神疾病

主要针对症状少见、无法明确诊断或诊断前后矛盾的精神障碍、躯体症状突出但非精神专科诊疗查无实据的疾病进行临床诊疗服务。

心理咨询及治疗门诊则是由经过专业训练的治疗师运用心理治疗的有关理论和技术,激发和调动来访者改善动机和潜能,

以消除或缓解来访者的心理问题与障碍,当来访者遇到人际关系问题、个人发展与成长有关的问题、婚姻家庭问题、儿童行为障碍、常见的性心理障碍等时,均可进行心理治疗。

相信看过精神科各亚专业的详细介绍后,挂号的时候,你不会再手足无措了。

知识点

3. 精神科 = 神经科吗?

人们看到一些言语、行为有异常的或是觉得"脑子有病"的人,经常会不由自主地说"神经病",抑或有患者或是家属在电话里说"我在神经科住院"!大众经常将"神经"与"精神"混为一谈,傻傻分不清,虽然两个科室的名字听起来非常相似,但实际上它们属于两个不同的科室,分别处理的是人体两大不同系统的疾病。那它们之间有什么样的区别呢?

首先,两个学科是有交叉,也有融合的。精神病学是研究精神疾病的病因、发病机制、临床表现、发展规律、治疗、预防及康复的一门临床医学。但精神病学的生理学基础又是神经科学。因此,精神病学最初是与神经病学合并在一起的学科,随着它的成熟与发展,到20世纪中期,才逐渐与神经病学分离。随着学科的发展,学科的名称也在发生着变化，经历了精神病学—精神医学—精神障碍—精神卫生这样一系列的变化，人们也更愿意接受目前的称呼，所以，现在的精神科也叫作心理卫生中心，你记住了吗？

其次，两个科室诊疗的疾病范畴是不同的。精神科主要收治精神、心理疾病患者，精神疾病是由于人体内外各种有害因素引起的大脑功能紊乱，从而导致知觉、意识、情感、思维、行为和智能障碍的一类疾病，常表现出各种各样的精神症状，如幻觉、妄想等，而对中枢神经系统检查却尚未发现有明显的病理形态学改变。通常人们所说的"犯神经病"其实是指"犯精神病"。而神经病学是指神经系统的任何部分（例如脑、脊髓、周围神经等）因为外伤、感染、中毒等原因引起的结构和功能的改变的一类疾病，例如脑梗塞、脑出血、脑炎、癫痫、坐骨神经痛、偏头痛等。现在找到区别之后你是不是对"神经"和"精神"有了新的认识？

所以，精神科和神经科是两个不同的科室，就诊时你可得看清楚了！

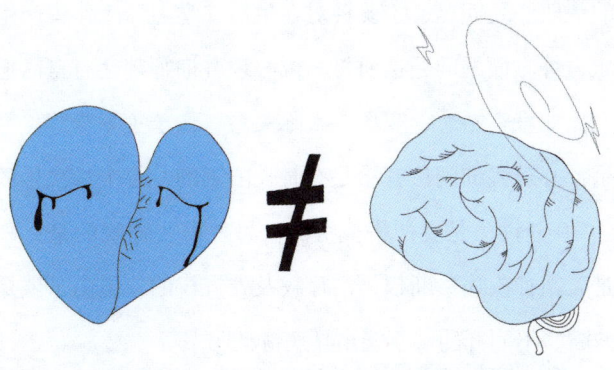

知识点

4. 心理咨询与专科门诊的区别?

初次到心理卫生中心就诊,在门诊预约挂号时你会发现有心理卫生专科门诊和心理咨询及治疗门诊(简称"心理咨询")两类,仔细查看后你甚至还会发现部分医生既在专科门诊,也在心理咨询门诊,这时你会不会纳闷:都是心理卫生中心就诊,又是同一名医生,那这两个就诊方式有什么不一样呢?

我们先来了解一下从事心理咨询的工作人员有哪些。我国心理健康服务团队包括:精神科医生、精神科护士、心理治疗师、心理咨询师等。他们均是通过了全国卫生专业技术资格考试获取证书后从事心理健康服务的工作者,其工作内容主要是谈话性的疏导,利用心理学的方法和技术帮助来访者解决不够成精神疾病的一般心理问题,主要针对在生活、学习、工作中产生的困惑、压力等方面的问题,而每一位心理咨询师都会有自己擅长的领域,比如家庭婚恋、职场、人际关系、亲子关系等等。需要注意的是:心理咨询门诊就诊是有时长限制的,每个诊次号的就诊时间为 30 分钟,是要严格执行的。另外需要知晓的是:心理治疗师是无精神疾病诊断权、治疗权及处方权的,说白了就是不能明确诊断、不能开药、不能出具病情证明书等。

而专科门诊坐诊的均是精神科医生,工作内容主要是对精神疾病做出诊断与治疗,对每个诊次号的就诊过程在时间上是没有硬性规定的。如果这位医生既是精神科医生,又是心理治疗师,就会在专科门诊和心理咨询门诊都坐诊,这也就是我们会在两个不同就诊方式中看到同一名医生的原因。

当然,对于精神疾病的患者来说,在康复过程中,精神科医生也许会建议患者在服药的同时也配合心理治疗。所以,心理治疗的来访者不仅限于一般心理问题的患者。相信这样解释之后你应该明白心理卫生专科门诊、心理咨询及治疗门诊的区别了。

2 人生盲盒——精神疾病能痊愈吗？

随着社会的飞速发展，精神健康问题也越来越普遍，但大众对于精神疾病依旧会避而不谈。社会舆论经常认为，这类人群是边缘的、社会角色价值低下的，并对患有精神疾病的人心存负面的看法，也有不少人会抱着"得了精神病是治不好的"这样一种错误的观点。可是，你有听说过患精神疾病也可以是快乐的吗？你有听说过得了精神疾病是能够很快被治愈的吗？你有听说过精神科医生、护士也有可能患精神疾病吗？我来告诉你，那是毋庸置疑的，毕竟疾病面前，人人平等！所以，希望我们能正确认识这类疾病。

第一章 "心灵感冒"的困惑——就诊前篇

【案例】

雨燕今年刚踏入高中生活就感受到了巨大的学习压力，面对每天写不完的作业，她越来越焦虑，整日闷闷不乐，无法集中注意力去学习。第一次月考，成绩非常不理想，看到试卷的那一刻她忍不住流下了眼泪。她不愿把这样的成绩告诉父母，身边也没有要好的朋友能够给予安慰。她开始埋怨自己，为什么那么笨？为什么考不好？为什么……渐渐地，雨燕变得胆怯，没有了自信。在一次与同学发生争吵后她愤懑之下用小刀划伤了手臂，她发现这种方式居然让她满满的负能量得到了稍许的释放。在有了第一次的体验之后，这样的行为就越来越频繁，手臂上的伤口越来越多，直到有一天被老师发现，老师告知了父母。

孩子手臂上的伤口，犹如晴天霹雳，父母不知道孩子身上究竟发生了什么。在学校的建议下，父母带着雨燕向心理医生寻求帮助，可心理医生在了解情况后却建议他们去专科门诊治疗。这时，父母才感受到了问题的严重性，一万个疑问在脑海中徘徊，好好的孩子怎么就这样了？万分焦急中等到

了专科门诊就诊时间,医生在详细询问病情后建议他们住院治疗。拿到入院证的那一刻父母又蒙了,这可是精神疾病呀!同学们知道了会用异样的眼光来看待孩子吗?我们孩子的病情应该算是比较轻的吧,住院治疗与其他精神疾病患者待在一起,会不会加重孩子的病情?医院又会用什么方式对孩子进行治疗呢?治疗需要多长时间?孩子能够彻底治愈吗?父母着急地想知道每一个问题的答案。下面我们就一一来解答雨燕父母的疑问。

第一章 "心灵感冒"的困惑——就诊前篇

> **知识点**
>
> 5. 精神疾病常见吗？可怕吗？患精神疾病会被人看不起吗？
>
> 根据世界卫生组织 2020 年报告，全球范围内有近 10 亿人受到不同程度的精神健康问题影响。全球抑郁症患者总数高达 3.22 亿，患病率为 4.4%，我国抑郁症患者约有 9000 万，严重精神障碍患者约有 620 万人，17 岁以下儿童和青少年中至少有 3000 万人受到各种心理问题的困扰。所以精神疾病并不罕见，并且在每个年龄段都有可能发病，它只是一种疾病，和感冒、高血压、糖尿病一样。只要我们正确认识它，接受自身所患疾病这个事实，并积极参与治疗，进行正确的自我管理，认真进行康复活动，增强自信心，就能从疾病中解脱出来。

"面子文化"使人们既忌讳精神疾病，又忌惮精神疾病患者，以维护自己的"面子"。在维护"面子"的同时，也暴露出了大家对精神疾病的不了解。很多患者停留在过去对"精神病人"的刻板印象中，害怕被看不起，害怕被排斥，因种种原因不去就诊，延误治疗，导致病情进一步加重。其实，这才是我们最担心的问题。

生病并不可怕，更不可耻！精神疾病其实就是大脑生病了，

这种病与懒惰无关,与矫情无关,也不是想开一点或是坚强一些就可以解决的,它需要专业的治疗。如果不幸患病了,不要害怕,早发现、早诊断、早治疗,你一定能战胜它!

知识点

6. 天天与精神疾病患者待在一起,会加重我的病情吗?

案例中的雨燕以及她的家人对住院治疗有太多的担忧,害怕天天与精神疾病患者待在一起,会加重病情。这不仅仅是雨燕及家人担心的问题,也是其他人经常产生的疑虑,担心家人住院以后会不会受刺激,病情会不会加重,需不需要住进单人间,等等。其实造成这些想法的,基本上是因为对精神疾病的不了解,仅有的认知也可能来自固化的观念。

实际上,在其疾病初期受到症状的影响,患者会有不安、焦虑、恐惧感,但是通过专业的诊治,这种感觉是会逐渐被淡化的。接受住院治疗不会导致精神疾病加重,因为精神疾病没有传染性,倘若精神疾病真的具有传染性,那么首先受累的是其家人,其次是与其天天打交道的医护人员,这些人都会变得不正常了。这显然不符合事实。精神科的医护人员并没有因为长期和精神疾病的人待在一起而变得忧心忡忡、郁郁寡欢,甚至神经兮兮、疯疯癫癫。如果是这样，精神病院早已是人满为患了。所以这些担心完全是不必要的。因为住院期间患者的一举一动、情绪的变化、病情的波动，都可以得到更仔细、更准确的观察，医护人员能根据病情，采取更加积极的治疗和护理措施，如治疗中出现不良反应也能够得到更加及时的处理。除此之外，患者住院期间也能从其他患者康复的经验中，获得治疗的信心。住院治疗只会促进患者的康复，而不会出现所谓的病情加重。

知识点

7. 精神疾病会遗传吗？

遗传病是指由遗传物质发生改变而引起的或者是由致病基因所控制的疾病，它的发病完全或部分由遗传因素决定，通常为先天性的，有的也可能会后天发病。我国常见的遗传病有地中海贫血、白化病、血友病、色盲症等40余种。

那么精神疾病属于遗传病吗？目前精神疾病的病因尚不明确，相关研究显示人类精神疾病的发生确与遗传因素有关，就是说父母存在精神疾病病史，子女的患病率会比一般家庭的孩子患

病率更高，但并不是百分之百，个人性格因素、社会因素、环境因素等都属于精神疾病的诱发因素，也都起着非常重要的作用。目前，精神疾病的遗传方式尚无定论，处于各种假说阶段，但较多学者认为精神疾病为多基因遗传，是环境、心理与遗传因素相互作用的结果。所以，精神疾病虽然与遗传之间存在相关性，但它并不属于遗传性疾病。

另外，医学上的精神疾病是一组疾病的总称，它包括了精神分裂症、抑郁症、焦虑症、强迫障碍、双相情感障碍、成瘾行为等多种精神疾病。而老百姓常说的"精神病"通常指的是精神分裂症。精神分裂症虽然是一种重型精神病，但并不是遗传性疾病，只不过遗传因素在发病机制中有一定的作用，并不是一定会遗传给下一代。

知识点

8. 精神疾病需要终生服药吗？

对精神疾病最重要的就是早发现、早诊断、早治疗。目前精神疾病最主要的治疗手段之一便是药物治疗，通过系统的治疗改变患者异常的言行、思维、情绪等，降低精神疾病的复发率和致残率，可使患者更好地回归社会。

第一章 "心灵感冒"的困惑——就诊前篇

众所周知,想治愈疾病,最好的方法是病因治疗,病因去除了,病就好了。可是目前,绝大多数精神疾病的病因并不明确,例如精神分裂症、双相情感障碍、强迫症等,它们的病因在医学上尚无定论,专科医护人员实施的治疗方案为对症处理,给予抗精神病药物治疗。这样的治疗需要在人体内维持稳定的药物浓度才能很好地控制症状,也就是说通过药物把这些症状关进笼子里,可一旦停药,笼子的完整性被破坏,这些症状就有可能失去控制,也许就会导致疾病的复发。所以,精神疾病的症状得到缓解后仍然是需要继续服药的,这才会让病情保持稳定,并不是人们以为的"病已经好了,不用再治疗了"。

那么你的问题可能又来了——患病后的服药治疗到底需要多长时间呢?这里,我们就要提到一个概念,叫"维持治疗期"。对于精神疾病,药物维持治疗非常重要,进入维持治疗期后,医生会根据患者的情况,将药物调整到能控制症状及预防复发所需的最小剂量。对于首次发病的患者建议维持治

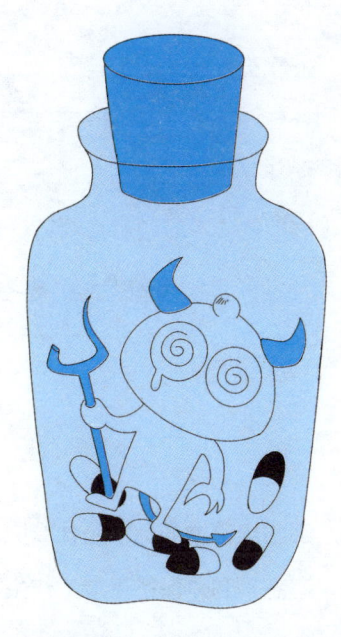

疗1~2年；对于有过病情复发的患者，维持时间长短应根据患者的情况而定，一般不少于两年；还有部分症状控制不佳的患者可能需要服用更长时间的药物来维持治疗。

精神疾病的治疗时间的确比很多其他疾病维持治疗的时间要长，但即便是确实要停药、减药等都是需要在专科医生指导下进行的。大家都非常清楚，常见慢性疾病如糖尿病、高血压等，患者需要终生服药，精神疾病也是有可能需要长期服药的，我们要做好打"持久战"的准备。

知识点

9. 精神疾病能治愈吗？

精神疾病患者和家人最关注的问题莫过于精神疾病能否治愈，这对于精神科医生来说是一个棘手的问题。相对于其他常见的疾病来说，尽管精神疾病的诊治更加困难，治疗周期更长，但也是可以实现临床治愈的，也就是说通过抗精神疾病药物的使用，再加上心理治疗、康复治疗等，能使患者保持相对完好的社会功能。

那临床治愈的标准是什么呢？标准是患者能长期保持心情愉快、心态平和，保持正常工作生活的状态。其中，部分患者需要维持药物和心理治疗以保持临床治愈的状态。目前，精神分裂症患者中有 1/3 的患者能够实现临床治愈，有 1/3 的患者症状能部分改善，有 1/3 的患者病情反复。而这其中有很多患者都是因为服药不规律而导致疾病反复发作。首次发作的抑郁症患者，如果不规律服药，有 50%～80% 会有第二次发作。对于一部分焦虑症患者而言，药物的使用虽然并非病因治疗，却可以减少复发。由此可见，精神疾病的药物维持治疗尤为重要，遵医嘱合理用药对精神疾病患者来说是有临床治愈可能的。随着医学的发展和医疗技术水平的提高，目前大多数精神疾病的治疗效果都是比较显著的，首次发病后进行系统的治疗、规范用药，患者的康复率可以达到 90% 以上。

当然，精神疾病的类型非常多，其中也会有部分病例治疗起来难度比较大，病情会迁延很久。临床治愈精神疾病的关键是尽早求治就诊，尽早接受规范的治疗。

 **选择困难症**
——如何挂专家号？

对于三级甲等综合性质的大医院，可谓是专家教授云集的地方，这样的医院不仅科室分得详细，坐诊专家也都有自己擅长的领域，而对于很多初次就诊或外地就诊患者来说，到了这样级别的大型医院都希望自己能找一个权威的医生来诊断病情。专家列表上的医生都分了五个级别，到底哪一个更好呢？

【案例】

王阿姨四处求医已三年有余，最初就是感到身体多处疼痛，头痛医头，脚痛医脚，该看的都看了，可还是不舒服，检查也做了不少，可并没有发现什么大问题。7月份的大热天，王阿姨穿着四件外衣还直呼冷，在她的世界里就没有四季之分。"怕冷""疼痛"成了王阿姨常挂在嘴边的话语，在多家医院反复检查，多个科室的专家看了个遍，问题都没有得到解决。这时，有医生给了她建议——也许可以去心理卫生中心就诊看看。

于是，王阿姨开始预约挂号。"生病多年都没有得到很好的治疗，我的疾病一定属于疑难杂症，"王阿姨一面查阅挂号系统上的专家介绍，一面心想，"我一定要挂一个权威专家的号，看看我究竟是患的什么病。"可上网一查，才知道专家原来还分了那么多等级，到底是一级专家好呢还是五级专家好？看了看挂号费，似乎有了自己的答案，一定是越贵的专家越好。可一级专家的门诊号并不是那么容易就能挂到的，王阿姨尝试了多种方法去预约，最后都失败了。一个星期过去了，王阿姨越

发着急,一心要挂一级专家号的念头开始动摇,最终挂到一个四级专家号,抱着先看一下的心态就诊了。没想到医生在详细了解病情后,立即就给出了诊断结果,并建议王阿姨住院治疗,再三犹豫后王阿姨接受了住院治疗,治疗一周后,王阿姨感受到了变化,外衣开始逐渐减少,似乎也没有那么怕冷了。

知识点

10. 诊疗专家的分级?

三级甲等综合医院"大咖云集",在这里,不仅有医学专业的领头人,也有医学专科领域的教授和杰出的学者,医院、学术团体会根据医生们做出的成绩授予一定称谓。同样,对诊疗医生也会根据其职称、资历、教学和科研能力等条件评聘为不同等级的专家,一般从高到低依次是:一级专家、二级专家、三级专家、四级专家、五级专家、主治医师。当然,不同医院要求肯定不一样,但你要相信,三级甲等医院的评聘条件肯定是最高的,所以等级分层也是最细的。

在这些专家当中，最高级别的无疑就是一级专家了，他们都是主任医师或教授级别，但他们并不是内、外、妇、儿皆精通的"圣斗士"，专家们都有自己所擅长的领域，也都是有自己完整研究成果的研究生导师，他们按照领域划分了临床亚专业，所以在就诊前需要先搞清楚自己的症状，找对了专业，再找专家，才能解决问题。专家们职称越高，意味着临床工作经验越丰富，那主治医师是不是就没有临床工作经验了呢？完全不是！主治医师虽然是门诊坐诊医师的最低门槛，但也是需要具备各项条件的，比如：学历、从事临床一线工作的年限、科研能力、教学能力等，医生通过综合评定后才被评聘为主治医师的。所以，请大家放心，能在门诊坐诊的医师，都是具有丰富的临床经验的大夫。

知识点

11. 心灵感冒的诊治一定得挂一级专家的号吗?

去医院就诊到底是挂名老专家号呢?还是挂普通号?想必大家都很纠结。看病这个事儿吧,大家都希望能找最有经验的大夫诊治,可是不是所有的疾病都需要挂一级专家号诊治呢?这个还真不一定。

对于初次就诊的患者来说,我们不建议挂一级专家号,因为专家也是普通人,不会看一眼就知道你的病情,在详细询问病情后也需要完善必要的检查流程。等到检查结果出来,需要进一步治疗,或要做重要决定时,再挂专家号更有针对性。挂一级专家号的患者,都会认为自己的病非常严重,需要专家才能诊治,几经周折好不容易挂到号,可就诊时感觉专家很简单就处理完给了结果,似乎感觉不值。有这种想法就大错特错了,那只能说明你的病情没有你想象的那么严重,普通号的医生也是能诊治的。对于"心灵感冒"的患者来说,一般情况下不一定要挑最牛的专家,三级、四级专家就已经很好了。"心灵感冒"属于常见慢性疾病,一般专家甚至主治医师都能进行诊断,除非你的疾病四处求医都没有得到明确的诊断,属于疑难、危重型,需要更具有权威性、临床经验丰富的医生来判断、诊治。

第二章

与"心灵感冒"的对话

——治疗篇

第二章 与"心灵感冒"的对话——治疗篇

精神科的玄关
开放或封闭的病房如何选

初次到精神科就诊本就需要勇气，如果在就诊后被告知需要住院治疗，那你会不会条件反射地排斥与恐惧呢？对于普通疾病的患者来说，生病住院是理所当然的事情，大家也都非常清楚普通住院病房与重症监护室（ICU）的区别，那精神科的住院病房会和其他科的住院病房一样吗？会像电视上演的那样有高墙铁丝网吗？也同样有重症监护室吗？带着这样的疑惑，我们一起来看看下面的案例。

【案例】

谢女士是一位公司职员,情绪不稳定已数月了,时而高兴,时而悲伤,最近一段时间感觉精力充沛,总觉得自己有用不完的劲儿,与人交谈时口若悬河、滔滔不绝,旁人都无法插话,还莫名地总认为自己非常厉害,能干大事,整日花钱如流水,到处请客吃饭,稍有不如意就大发脾气,甚至动手打自己的家人。家人无法管理,反复劝说下她终于来到精神科就诊,被诊断为"双相情感障碍-躁狂发作"。

就诊医生根据患者目前情况建议其入住封闭式病房治疗,可初次就诊的谢女士怎么能接受?"精神病院是多么恐怖的地方!我不需要住院,我不需要治疗,何况还想把我送去'关起来'治疗,那是个什么鬼地方,我才不会去!"于是,她怒气冲冲地跑出了医院。家人无奈之下也只好带着医生开具的入院证回家了。回家后家人也疑虑重重,究竟选择什么样的治疗环境更利于患者康复呢?医生所提供的开放式病房和封闭式病房我们从来没有听说过,去那里治疗安全吗?如果在开放式病房治疗,

第二章 与"心灵感冒"的对话——治疗篇

> 我们管理不了患者又该怎么办?住院治疗一般情况下需要多长时间呢?我们陪在医院又需要注意什么呢?……对于精神疾病的住院治疗知识,我们太缺乏了!

知识点

12. 开放式病房和封闭式病房的区别在哪儿?

精神疾病患者住院治疗的病房根据不同的管理模式分为了封闭式病房和开放式病房两种,那这两种病房有什么不一样呢?

初次听说封闭式病房,大众都会觉得很恐怖,就会脑补很多的"黑暗"场景,例如:灰暗的灯光、狰狞的面容、残酷的惩罚等等。家人甚至还会担心患者在这样的封闭环境中被限制了人身自由,会不会加重病情,在这样的环境中会不会遭到其他病友的欺负……而其实,即便是封闭式病房也和其他病房相差不大。接下来,我们一起去看看封闭式病房究竟是什么样。踏入病房,关上大门,即进入了封闭治疗环境中,随即映入眼帘的是宽敞的

活动大厅，分别设置有运动区域、阅读区域、休闲区域和观影区域，患者在医护人员的带领下参加着自己喜欢的康复活动，场面既温馨又和谐。活动大厅的正前方还有一个偌大的后花园，在花园里不仅种植了花花草草，还有患者们亲自种植的蔬菜，绿油油的一片，像极了自家的菜园。活动大厅的左右两边就是病房，分别设有单人间、双人间和多人间，病房内窗明几净，患者可以在病区内自由活动，管理非常有序。活动大厅的正后方就是护士站，这个位置可以眼观六路耳听八方，医护人员即使是在办公，抬头也能观察到患者的一举一动。在病房的角落还提供有会客区域，家人可以在预约的时间段内探视患者，及时了解治疗情况，分享患者的住院感受。病区内还有安保人员不定时巡逻，保障患

第二章 与"心灵感冒"的对话——治疗篇

者安全。看到这里,想必你的顾虑有所减轻了,封闭式病房虽然限制了患者进出病房的自由,但是回归社会的康复训练一点也没落下,这样一个既能保障安全又能有效治疗的环境你还担心什么呢?

和封闭式病房相对的,就是开放式病房。随着医学模式的转变,更多的精神障碍患者将在这样一种管理模式下接受治疗。开放式病房和其他内科病房一样,患者可以自由出入病房,家人可以在医院陪伴患者。除常规治疗外,同样也给患者提供了丰富的娱乐康复活动,如:手工制作、音乐欣赏、瑜伽训练、健身操训练等,每逢佳节,康复治疗师们还会与患者一起举办庆祝活动,能让患者在这里感受到不一样的住院生活。

那可以自由选择病房吗?答案是否定的,因为住院治疗环境需要由你的主治医生根据你的病情来决定,是有要求和限制的。

知识点

13. 在开放式病房住院后会被转入封闭式病房吗?

想必了解了开放式病房和封闭式病房后大部分住院患者会选择开放式病房治疗,那入住开放式病房后有可能转入封闭式病房治疗吗?如果患者不同意那又该怎么办?

入住开放式病房后患者也是有可能转入封闭式病房继续治疗的，因为病情随时可能发生变化，前一小节我们说到过，住院治疗环境需要由主治医生根据病情来决定，病情变化，治疗环境也会相应改变。大部分患者在住院治疗后情况会越来越好，但也不排除在病情尚未得到及时控制或突然发生变化时，患者在精神症状失控的情况下可能会做出一些意想不到的危险行为，如自杀、自伤或伤人毁物等，甚至威胁到其他人员的生命、财产安全。如果发生这种情况，医生会建议其转入封闭式病房治疗。当然，在这种情况下患者一般都会极力反对，因为他们在发病状态下并不认为自己患病，也无法用理智控制自己的行为，精神疾病患者的监护人这时就显得尤为重要了，精神科医生会充分告知监护人患者的病情，告知转入封闭式病房治疗的利弊，在征得监护人同意并签署相关医患沟通和知情同意书后，才会将患者转入封闭式病房继续治疗。

当然，大部分家属都会担心封闭式病房治疗一定程度上限制了患者的自由，会不会加重患者的病情，这样做是不是很残忍，患者会不会更加埋怨家人，等等。有这些想法非常正常，那是因为你对封闭式病房不了解，对重型精神疾病不了解，我们前面已经对封闭式病房做了详细的介绍，相信这样一个既安全又舒适更适合重症精神患者的治疗环境你不会排斥的，而且患者病情好转了也是可以转入开放式病房继续治疗的。所以当精神科医生给你提出转病房建议的时候希望你能及时做出正确的选择。

知识点

14. 一般情况下住院治疗需要多长时间?

精神疾病患者住院的时间，主要取决于病情好转的程度。很多患者担心会不会永久住院，又疑惑出院是不是意味着从此疾病就痊愈了，再也不会复发了。要知道，精神疾病是需要一个较长治疗过程的。使用药物治疗时，药物的种类不同，起效时间一般会需要7～10天，根据患者对药物反应的变化，还有一个药物剂量调整的过程。并且除了足量、足疗程的药物治疗，在医生的指导下，还需要配合物理治疗、心理治疗，帮助患者提高情绪应对能力，同时也让患者学会积极地、正确地面对现实生活中的各种问题，促使病情进一步的稳定。在治疗方案确定以及病情稳定以后，再继续观察一周左右就可以考虑出院了。目前，全国精神疾病急性期住院治疗的平均时间为35天左右，如果住院时间过长患者会脱离应有的社会角色，缺乏家庭亲友的支持和抚慰，也是不利于患者心理层面恢复的。因此，在症状得到控制之后，医护人员会积极鼓励患者接触社会，适应社会，保证患者的正常社会功能不受到影响。出院后患者应继续按照医嘱坚持服药巩固治疗，也要定期门诊复诊，让医生及时了解自己病情转归的情况。

所以,并不是出院就意味着疾病彻底痊愈了,以后再也不会复发了。在日常生活中,患者若不能获得家人、朋友和社会的充分支持,不能很好地适应社会,在遭遇应激事件、合并慢性躯体疾病或未能严格遵医嘱服用药物等因素作用下,都有可能会造成疾病的复发。而过早、过快的减药、停药就是精神疾病最常见的复发风险因素。很多患者或家属认为病情已经"痊愈",便会停止药物治疗,并且不再遵循自我保健计划和注意某些事项,缺少对疾病症状的警惕,将医护人员千叮万嘱的病情观察和维持治疗抛诸脑后,往往此时,疾病就会卷土重来。

知识点

15. 作为精神疾病患者的陪护,我需要注意什么呢?

大家都非常清楚,内、外科疾病的住院患者生活自理能力会明显下降或受损,所以需要陪护者来照顾患者的生活起居。而"心灵感冒"的患者,他们能吃能喝、能走能跳,大部分患者也能独立料理个人日常生活,那为什么住院治疗又要求陪护呢?作为亲友,陪在住院患者的身旁又需要注意什么呢?

是否需要陪护是精神科医生根据患者的病情来决定的。常规来说,对于病情相对较重的患者、风险较高的患者、未成年患者、60岁以上的老年患者，要求必须陪护。对于合并较重躯体疾病的精神疾病患者，作为陪护人员的我们应以照顾好患者的日常生活为重，比如：协助料理个人生活、协助进食、协助如厕等；而对于生活自理能力正常的精神疾病高风险（包括自杀、自伤、攻击、走失等风险）患者，陪护人员更应该注意的是患者的行为与安全。

患者入院后管床护士会对其疾病存在的相关风险进行充分评估，然后会有针对性地告知陪护人员患者目前所存在的风险并指导陪护人员观察危险行为要点，例如：环境安全、服药安全、饮食安全等方面需要重点注意的内容，其目的是使陪护人员在患者住院期间能够协助医护人员发现患者的危险行为。同时，陪护人员在与患者接触时应避免有刺激患者的言语和行为，以免患者发生冲动或其他危险行为。

"心灵感冒"的患者在饮食上又需要注意什么呢？曾经有患者家属问过医护人员这样一个问题：我们病人能喝鸡汤吗？需要每天吃高蛋白食物吗？答案是：精神疾病患者在饮食上没有绝对的禁忌，也不用大吃大补，正常饮食就可以了。但如果患者合并有其他躯体疾病，如糖尿病、高血压等，那就一定要按医嘱来规范饮食。唯一需要患者和家属们注意的是患者在服药治疗期间，不可饮用酒、咖啡、可乐等对中枢神经有一定影响的饮品。

2 治疗三部曲
关于疾病治疗的那些事

近年来,心理健康问题频发,社会也日益关注心理健康问题。我国学者近年来的心理健康研究显示,我国学生、教师、公务员等不同人群的心理健康问题发生率均呈增长趋势。"心灵感冒"患者越来越多,如果不幸患病,对于疾病的治疗你是不是最关心?那对于这类疾病,有哪些治疗方法呢?

第二章 与"心灵感冒"的对话——治疗篇

【案例】

晓东今年19岁,初中毕业后就开始四处寻找工作,不断投递简历、面试,却总是被拒,多次尝试后最终选择了在一家工厂打工。工作后,大部分时间晓东都是独来独往,没有一个要好的朋友,不久后,他感觉周围的同事常常在背后议论自己,说自己的坏话,甚至回到宿舍还觉得有人在监视自己。他常对着天空一个人自言自语,工作也无法集中注意力,因屡次犯错,不到三个月就被单位辞退了。回家后,家人也察觉到了晓东的异样,在了解情况后将晓东送到了医院就诊。

在住院治疗后医生充分评估了晓东的病情,并告知其父亲建议采取的治疗方式,可是只有小学文凭的父亲不知道该怎样选择,除了服药治疗,其他的治疗方式自己根本就没听说过。什么电休克治疗,什么心理治疗,尽管医生仔细讲解了,父亲仍一头雾水,只能不停地问晓东:你觉得呢?你愿意哪种治疗?可这时的晓东属于精神疾病急性发作期,怎么可能做出选择?犹豫再三后父亲选择了服药治疗方案,在服药治疗的第2天,晓东自认为

> 服药没用，感觉医院并不安全，提出了出院要求，没想到父亲思考片刻就同意了，于是办理了出院手续。可是，时隔半个月，在住院部新入院患者接待处我们再次看到了言行紊乱的晓东和他满脸憔悴的父亲……

知识点

16. 精神疾病的治疗方法有哪些？

临床上对精神疾病患者常见的治疗方法主要包括三种：药物治疗、非药物治疗、心理治疗。

药物治疗，顾名思义就是服用一些作用于中枢神经系统用来影响精神活动的药物，主要分为抗精神病药物、抗抑郁药物、抗焦虑药物、心境稳定剂、认知改善药五大类。目前临床上治疗精神疾病的主要方法仍然是药物治疗，而精神专科药物由于其药理特殊性，可能会导致较多不良反应，所以这样一类药物治疗方案必须要由具有资格证及处方权的精神科医师开具并指导用药。近年来，随着医学的发展，精神药物也在不断更新，相比于传统的精神药物，新型药物很大程度上减少了患者服药后的不良反应，患者对服药的耐受性较好，也提高了患者治疗的依从性。

非药物治疗包括：改良电休克治疗、重复经颅磁刺激治疗、电针治疗、脑电治疗、康复治疗等。这些治疗方式听上去是不是都觉得特别陌生？什么磁刺激、电休克治疗？其实这些都属于非药物治疗方式，在后面章节我们会给大家详细介绍。还有一种非药物治疗方式就是精神外科治疗，是指通过对脑部的某些神经纤维，或某些核团，或在脑部的特定部位进行神经外科手术治疗的方法，从而改变大脑功能以缓解一些严重的精神症状。

心理治疗是在治疗师与患者建立起良好治疗关系的基础上，由经过专业训练的治疗师运用专业的理论和技术，对患者进行治疗的过程。其根本目的是激发患者的潜能，以消除或减轻患者的心理问题或障碍，促进患者人格发展和成熟。当然，心理治疗也包含了很多种方式，如：行为治疗——用于帮助患者消除或建立某些行为，从而达到治疗目的的一门医学技术；认知治疗——通过认知和行为干预技术，从改变患者不合理的想法和观念入手，逐步达到减轻症状、改变认知结构目的的一类心理治疗方法；家庭治疗——以整个家庭为对象来规划和进行治疗；催眠治疗——催眠师诱导受试者进入一种特殊的意识状态的技术。

> **知识点**
>
> 17. 我的治疗我能做主吗?
>
> 2012年10月26日《中华人民共和国精神卫生法》正式施行。该法是我国精神卫生领域的第一部法律,对于规范精神卫生服务、预防精神疾病发生、维护精神障碍患者的合法权益具有重要意义。在维护精神障碍患者的合法权益中明确提出了保障患者知情同意权利,规定医疗机构及其医务人员应当将患者在诊疗过程中享有的权利和治疗方案、方法、目的及可能产生的后果告知患者或者其监护人。

精神障碍患者的治疗与其他疾病的治疗一样,原则上都是要根据患者的意愿进行,实行自愿原则,对于自愿住院治疗的患者可以随时要求出院,对于不同意住院治疗的患者,医疗机构不得对患者实施住院治疗。根据中国疾病预防控制中心2021年统计数据,我国有各类精神障碍患者1亿多人,其中既有患轻度抑郁等疾病的轻微的精神障碍患者,又有患精神分裂症等疾病的严重精神障碍患者,但严重精神障碍患者只占精神障碍患者的一小部分,而大部分精神障碍患者是有自知力的轻微精神障碍患者,他们有能力理解所患疾病的性质和程度,有能力决定采取哪种治疗方式进行治疗。针对严重精神障碍患者往往缺乏自知力、对自身健康状况或者客观现实不能完整认识的特殊情况，又规定了非自愿住院治疗制度，以保证需要治疗的患者得到及时的治疗，保障患者健康和他人安全。实施非自愿住院治疗的前提是监护人必须同意。监护人是指对无行为能力或限制行为能力人的人身、财产和其他一切合法权益负有监督和保护责任的人。一般来说，未成年人、严重精神障碍患者都应设置监护人。在这种情况下，监护人就应当履行起监护职责。

相信患者在了解了自己该享有的权利后就非常清楚自己的治疗自己到底能不能做主了。

知识点

18. 哪种治疗方法效果最好？

前面给大家介绍了临床上常用的治疗精神疾病的方法，但什么样的治疗方法效果最好呢？这是大众非常关心却并不清楚的问题。俗话说"没有最好，只有更好"，而在精神疾病的治疗方法上，却是"没有最好，只有最合适"。下面就来给大家讲一讲，精神疾病的治疗方法分别都适用于哪些人群。

药物治疗就是通过药物的使用来治疗疾病的方法，适用于所有患精神疾病的人群。临床上常用的给药途径包括：口服、肌内注射和静脉注射这三种方式。对于精神疾病患者来说，最常用

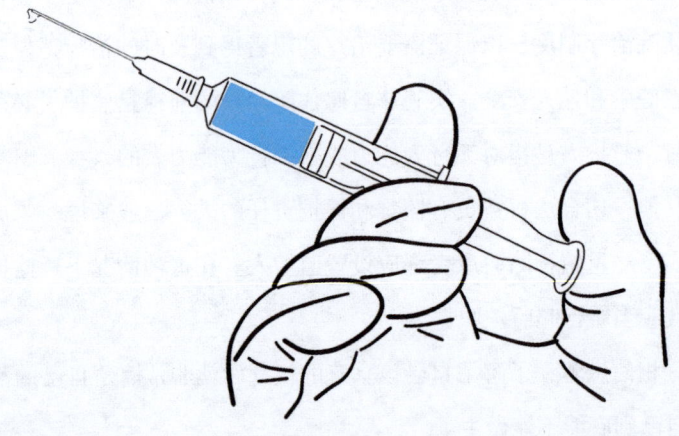

且最适合的当然是口服药物治疗，该方式安全性高、剂量调整便捷，但需要患者的治疗依从性较好、遵从医嘱性强，保证服药规律和疗程完整。如果患者服药依从性较差或者根本不愿意服药治疗，那么就可以根据病情选择长效抗精神病药物肌内注射治疗。该种药物主要适用于精神分裂症急性期和维持期的治疗，起始治疗时每周注射一次，维持治疗期每月注射一次即可。该方法有效避免了药物漏服的风险。如果患者是急性发病，需要立即控制或缓解症状时，可采用肌内注射或静脉注射的方式给药，起效更快，更能有效控制患者的症状。

　　心理治疗是一类非药物治疗方法。治疗者借助心理学的方法（言语的和非言语的）了解患者的心理活动，帮助患者调节情绪、纠正一些不良的认知信念及不良行为等。此治疗方法在普通人群、有一般心理问题的、有严重心理问题人群中都可以使用。但大家要知道的是,心理治疗是有局限性的,不能包治百病,若明确诊断为精神疾病,只使用心理治疗这一种方法的话,治疗效果是非常有限的。

另外,精神疾病患者通常在注意力、记忆力、自我照护能力、疾病认识能力等方面有不同程度的降低,通过康复治疗,患者可以部分或全面恢复。且康复治疗适用于所有的精神疾病患者,在疾病的任何治疗阶段也都有相应的治疗方式。只需要注意,康复治疗只是一种辅助治疗方法,需协同药物、心理等其他治疗方法一起使用。

3 问世间"电疗"为何物？
正确认识电休克治疗

电,它是物质的一种属性;休克,指机体在严重失血失液、感染、创伤等强烈致病因子的作用下,有效循环血量急剧减少,组织血液灌流量严重不足,引起细胞缺血、缺氧,以致各重要生命器官的功能、代谢发生障碍和结构发生损害的急性危重病理过程。这样拆分理解是不是觉得特别恐怖?在人类历史上用电来治疗疾病最早可追溯至罗马时代,下面我们就来认识一下这样的治疗方式。

第二章 与"心灵感冒"的对话——治疗篇

【案例】

罗喻在上大学期间自诉能听到宿舍对面大楼有自己暗恋的男生在唱歌,和朋友一起前去核实后发现该栋大楼并无人居住。后来渐渐出现走在路上感觉有人在跟踪自己,感觉别人说话是在议论自己,有人在监视自己,电话也被监控了,脑海中还不时冒出不道德的想法,感觉控制不住自己的大脑,自己骂自己,要求自己脑中不能有坏的想法,夜间也难以入睡,由家人带入精神科就诊,被诊断患有"精神分裂症",予以药物治疗后好转出院,出院后间断服药,病情时有波动,也多次住院治疗。

最近半个月,小罗常半夜给家人打电话,说天上的星星连成7颗,是天灾要来了;说天上出现地震云是要地震了,要求家人快跑;说晚上黑白无常要吸自己的血,自己做了开枪的动作把对方吓跑了。小罗没有安全感,坚信有人要害自己,情绪波动大,家人也无法管理,之前医生开的口服药吃了似乎也没有效果,于是再次入院治疗。入院后医生充分评估了小罗的病情,建议做改良电休克治疗,尽快控制症状,可小罗患病多年,从未采取过这种治疗方法，家人对这样的治疗也并不了解，在医生告知治疗必要性及不良反应后，家属犹豫不决。到底该不该做电休克治疗呢？在网络上查阅了相关的知识，也向其他的病友了解情况，因种种担心，家属拒绝了电休克治疗，还是选择了药物治疗。住院一个星期后，小罗的症状没有明显改善，管理仍然很困难，家人也逐渐开始不耐烦了，常与小罗争吵，可争吵有用吗？这时，主管医生再次建议家属考虑电休克治疗，这次家属同意了，在完善了治疗前的必要检查后，签署了治疗相关的知情同意书，随即开始了一个疗程的改良电休克治疗。在进行到第三次治疗后，小罗的症状有了明显改善，情绪也开始逐渐稳定了，家人看着这明显的变化，甚至有点后悔没有早点同意这项治疗。最终，小罗在完成了8次改良电休克治疗疗程后好转出院了。

知识点

19. 被误解的"电击"疗法

电休克治疗（ECT）是一种较为经典的治疗方法，大众俗称"电击治疗""电抽搐治疗"，它是指用短暂适量的电流刺激大脑，引起患者意识丧失、皮层广泛性放电和全身抽搐，从而控制患者精神症状的一种治疗方法。影片《飞越疯人院》中演绎了电击治疗过程，给观众留下了恐惧、难以接受的深刻印象，导致部分患者对该治疗方法比较排斥。

其实，早在 1938 年，意大利的学者就将 ECT 用于临床患者的治疗中。当然，ECT 治疗精神疾病虽然疗效可靠，但其不良反应确实也不容忽视，其中，骨折和脱臼是相对常见的严重并发症，所以，医生、学者们不断在临床实践中探索，例如在 ECT 治疗前给患者注射一些肌肉松弛剂，可以明显减少骨折的发生。再后来，国际上又对传统的电休克治疗进行了改良，在治疗前静脉加用麻醉药和肌肉松弛剂使患者能无意识地完全松弛骨骼肌，再以一定量电流通过患者头部，使大脑皮质癫痫样放电，用以治疗精神疾病。我国将其称为"改良电休克治疗"（MECT）。改良后电休克治疗大大减少了患者的不良反应和恐惧感，使之在不知不觉中即可完成治疗，降低了治疗的危险性。并且由于其适应症

广、安全性高、并发症少,也更容易被患者及其家属接受。目前 MECT 已在临床广泛应用,全世界每年有 200 万左右的精神疾病患者接受这项治疗,它已是精神科临床上一项重要的治疗方法。预计在未来相当长的一段时间里,MECT 治疗在精神疾病治疗领域仍具有不可替代的作用。

第二章 与"心灵感冒"的对话——治疗篇

20. 哪种情况需要行改良电休克治疗?

改良电休克治疗是精神疾病治疗中应用比较广泛的一种非药物治疗方法,目前已被证明对多种精神障碍,尤其是重型抑郁症、精神分裂症及双相障碍有确切的疗效。它主要适用于:(1)抑郁症伴有强烈自伤、自杀企图及行为,有明显自责、自罪情况者;(2)精神分裂症具有急性病程、分裂情感性症状或紧张症表现者,抗精神病药物无效或效果较差者,有明显拒食、违拗、紧张性木僵和典型精神病性症状者;(3)躁狂发作,当原发性躁狂发作伴兴奋、躁动、易激惹、极度不配合治疗者,同时需配合药物治疗;(4)其他精神障碍者,药物治疗无效或无法耐受的,如焦虑症、焦虑色彩突出的强迫症、人格解体综合征、冲动行为突出的反社会人格障碍等患者;(5)顽固性疼痛者,如躯体化障碍者等。

除对麻醉药物和肌肉松弛剂过敏者,MECT 治疗目前无绝对禁忌症,但是某些疾病可能增加治疗的危险性(即相对的禁忌症),当然并非绝对不能进行电疗,应根据具体情况来确定,例如对患有颅内高压性疾病、严重的肝肾功能障碍、严重的营养不良、严重的心血管疾病、严重的肾脏疾病、严重的呼吸系统

疾病、急性和全身性感染性疾病等的患者应充分评估，高度注意，慎重采取 MECT 或 ECT 治疗。另外，对儿童、孕妇也应慎用。

那这样一种治疗方法对适宜人群的年龄有要求吗？传统电休克治疗的适宜人群年龄在 15～55 岁。改良后电休克治疗因其安全性高，适宜年龄也放宽至青少年和老年患者（13～70 岁），但需综合评估治疗的必要性、安全性、可能的不良反应等情况。

当然，在实施治疗前主管医生及麻醉师会充分评估病情及安全隐患，并且完善相关的检查，在检查无异常并签署相关知情同意书后才可进行 MECT 治疗。

知识点

21.MECT 治疗方法安全吗？会有不良反应吗？

任何一种治疗方法都会存在风险以及不良反应，MECT 治疗前医生会对患者进行必要的检查，以确保安全有效地实施治疗。MECT 被认为是全麻状态下进行的危险性最小的医学操作，甚至比正常分娩的危险性还要小。目前的研究显示：每 100000 次治疗会有 2.1 人因电休克治疗死亡；发表于 2001 年的医学研究中，电休克治疗仅出现了 1 例相关死亡案例。另一方面，电休克治疗 7 天及 30 天内，每 10000 次治疗后躯体不良事件发生率为 9.1 起和 16.8 起，死亡率分别为 1.0 起和 2.4 起。相比之下，由 MECT

第二章 与"心灵感冒"的对话——治疗篇

> 治疗带来的躯体不良事件发生率和死亡率要比进行全身麻醉的手术或者其他操作带来的危险低得多,它的安全性已被大量临床实践证实,且 MECT 治疗精神疾病的有效率大于 80%。所以,这项治疗不仅安全且有效。

临床上,MECT 治疗的不良反应最常见的有短暂的记忆力下降,以近期记忆力下降为主,表现为记不住昨天吃了什么、做了什么等,会较难回忆起近期发生的事情。这种情况与电流通过脑区有关。但是不用担心,等治疗结束以后下降的记忆力是会逐渐恢复的。另外还有肌肉酸痛,这是使用肌肉松弛剂导致肌肉

放松速度不同所致，一般休息几天后即可恢复。其他的不良反应还有头痛、眩晕、恶心等，但这些症状会随着治疗的结束慢慢消失。

知识点

22. 我会被"电傻"吗？

在临床上，经常会有患者或家属询问，这样一种"电"治疗会把患者"电傻"吗？治疗之后脑子会不会不好使？答案当然是否定的。通常电休克治疗的电流都是很微弱的，而且通电时间很短，一般不超过3秒，其原理可以简单理解为通过电刺激让大脑部分高级功能重新启动。有大量证据证明，即使患者进行了多次改良电休克治疗，也不会影响其脑结构和认知功能。2018年3月发表于《柳叶刀·精神病学》的一项研究显示，电休克治疗不但不会提高心境障碍患者的痴呆风险，甚至对于老年患者有降低痴呆发病率的趋势。虽然MECT治疗会导致患者短暂的记忆力下降，但没有证据表明该治疗会造成大脑损害。神经学家认为如果电抽搐治疗持续时间不超过30分钟，不会导致永久性的大脑损害。大部分情况下，MECT治疗的疗程为6~12次，治疗频率通常为一周两次或三次，这样一种频率也大大降低了治疗对记忆的影响，所以，这是一种很安全的治疗方法。

尽管电休克治疗可以有效治疗某些精神障碍疾病,使用的范围也越来越广,但由于受一些观念的影响,公众仍然不能正确看待该治疗方法,但我们相信,通过这本书的介绍,读者对改良后的电休克治疗一定有了新的认识。实际上,它也的确不像公众说的那样可怕,更不是为了"惩罚"患者而实施的手段,它与其他治疗方法一样,只是一种在临床上广泛应用的、必要的、有效的治疗方法。

4 不可或缺的治疗
——物理治疗

临床常见精神疾病，如：焦虑障碍、抑郁障碍等，治疗方法有很多，大众非常熟悉的治疗方法包括药物治疗、心理治疗及康复治疗。随着医学的飞速发展，精神疾病的治疗方法也在不断发展，除了这些最熟悉的治疗方法外，还有许许多多的仪器治疗开始进入临床帮助治疗患者。相关研究显示，多数情况下，多种治疗方式组合治疗精神疾病效果更佳。那么临床上针对精神疾病患者常用的仪器治疗有哪些呢？这些物理治疗有用吗？有必要吗？

第二章 与"心灵感冒"的对话——治疗篇

【案例】

小夏是一位公司职员，6年前被诊断为重度抑郁症，病情时好时坏，反复住院治疗多次，也曾经尝试换过三种抗抑郁药物来改善情绪，但药物治疗效果已不如第一次发病时那么理想了。最近这两周小夏的情绪愈发糟糕了，对什么事情都没有兴趣，工作也不想干，整日无精打采，头晕、头痛，夜里无法入睡，再次来到医院就诊后，又一次住院治疗了。经过一段时间的药物调整，小夏的情绪有了一些改善，但仍会时不时感到高兴不起来，偶尔还会有消极想法，觉得拖累了家人，疾病反反复复发作，也没有了治疗的信心。

这时，主管医生建议小夏尝试一下物理治疗，但小夏及家人对物理治疗存在很多不解：我都反复住院好几次了，每次都是通过服药治疗就会好转出院，为什么又建议我做物理治疗？这些治疗会对我的病情有帮助吗？听这些名字，不是带电就是带磁，这样的治疗安全吗？如果我选择了物理治疗是不是就不用再服药治疗了？主管医生看出了小夏及其家人的疑虑，耐心地为他们做了解答，他们最终

放心地选择了两种物理治疗方式,在治疗了两周以后,小夏的情绪有了改善,躯体不适也明显缓解。从最初的排斥物理治疗到后来接受物理治疗,小夏及其家人感受到了物理治疗疾病转归带来的正面影响,还在病区里以自己为教材,向其他病友推荐了物理治疗方法,其主动沟通交流情况明显增加。又经过一周的系统巩固治疗,小夏开心地出院回家了。

知识点

23. 物理治疗的种类你都知道吗?

物理治疗是以康复治疗为主体,使用包括声、光、冷、热、电等物理因子进行治疗,针对人体局部或全身性的功能障碍或病变,采用非侵入性、非药物性的治疗来恢复身体原有的生理功能。物理治疗是现代与传统医学中非常重要的一部分。物理治疗可以分为两大类,一类以功能训练和手法治疗为主要手段,又称为"运动治疗"或"运动疗法";另一类以各种物理因子(声、光、冷、热、电等)为主要手段,通过神经、体液、内分

第二章 与"心灵感冒"的对话——治疗篇

> 泌等生理调节机制作用于人体,以达到预防和治疗疾病的目的,又称为"理疗"。常用的方法包括:光疗(红外线光疗、紫外线光疗、光照治疗)、声疗(治疗性超声波)、电疗(直流电疗、低频电疗、脑电治疗、电针灸治疗)、冷疗(冰按摩)、热疗(透热疗法)等。

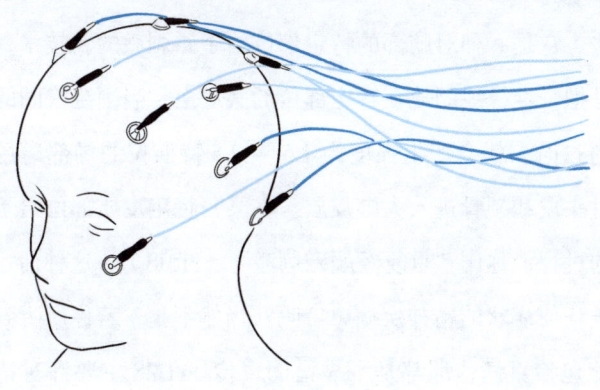

对于精神疾病患者来说,临床常用的物理治疗有脑电治疗、重复经颅磁刺激治疗、电针灸治疗、经颅直流电治疗。这些治疗不存在公众所担心的不良反应,是非常安全有效的治疗方法。

脑电治疗是一种经颅骨颞部向脑内直接导入低电位、震荡性、微量性的生物电技术,使用仪器为脑电仿生电刺激仪,其工

作原理主要是通过直接向中枢神经系统导入仿脑电的微量生物电，对主管心理及情绪活动的大脑、下丘脑、边缘系统及网状结构系统产生直接调理作用，能调整异常的脑电波，使之接近正常生理波，能直接刺激机体产生镇静性的内源性脑啡肽，从而有效地控制紧张、焦虑、抑郁情绪，调节情绪状态，改善睡眠，同时还能治疗以疼痛、失眠为主的心身疾病。大量研究证明，该治疗可以明显增加局部脑血流，改善脑部血液循环。

经颅磁刺激治疗（TMS）是一种新型、无创、无痛的物理治疗方法。它是一种对脑部的特定部位给予磁刺激的新技术，作用原理是把一绝缘线圈放在特定部位的头皮上，当围绕线圈的强烈电流通过时，就会产生强度为 1.5～2.5 特斯拉的局部磁场，磁场透过头皮和颅骨进入大脑皮层。在某一特定皮质部位给予重复刺激的过程，称作"重复经颅磁刺激"（rTMS）。这种治疗方法适用于任何症状的精神疾病患者吗？当然不是，若你所听到的该治疗能包治百病，那都是不靠谱的宣传。rTMS 主要针对精神分裂症（阴性症状）、抑郁症、强迫症、躁狂症、创伤后应激障碍等精神疾病的治疗。

俗话说"针灸拔罐，病少一半"。针灸发展到今日，已经有了巨大的突破，而电针灸治疗就是在其基础上发展而来的。电针灸治疗是通过电流刺激来代替针灸刺激，根据电流的大小来调节针刺的强度，同时根据患者的情况来选择不同的穴位进行治疗。该方法具有刺激时间长、刺激强度以及波形可人为控制的优点，对于常见精神疾病如抑郁症、精神分裂症、神经症有明显的效果。

经颅直流电治疗（tDCS）是一种无创的，利用恒定、低强度电流调节大脑神经元活动的技术，通过电极将电流输送到指定脑区，来提高或降低神经元细胞的兴奋性。试验表明，该治疗可增加大脑执行特定任务时的认知能力，并可以提高语言、记忆、逻辑、注意力等各方面的能力。

知识点

24. 物理治疗做一两次就可以了吗？

很多人会认为物理治疗就是陪同患者做做复健，走几下步，按按这里，按按那里，甚至有些不了解的患者会以为物理治疗就是按摩。其实，针对精神疾病患者的物理治疗主要是使用有效的仪器设备，帮助患者改善症状。

俗话说"病来如山倒，病去如抽丝"，什么病都"心急吃不了热豆腐"。虽然多项物理治疗方法目前已被广泛应用到精神科的各类疾病治疗当中，而且经过大量临床研究和数据分析证实，能明显改善患者的睡眠、认知功能，尤其是对思维和学习记忆能力有提高作用，但物理治疗也没有大家想象的那么神奇。我们要

明确的是治疗起效的时间会因为病种、合并用药和个体差异等原因而有很大不同。有些患者在几天之内，甚至治疗当日就能体会到效果，但多数患者需要两周左右时间，个别患者需要持续治疗四周以上才有效。例如，TMS通常10次为一个疗程，一般患者需要1~2个疗程以上的治疗才可以巩固疗效。这也就是纯绿色的物理治疗的"缺点"，起效相对慢，而且需要坚持做才能看到效果。

物理治疗需要坚持按疗程进行，治疗才会有累积的效果，单独一次或隔很久一次是没有太大作用的。对于一些急、重性的精神疾病患者想要快速缓解症状，单独使用物理治疗效果是欠佳的，需要联合药物等其他治疗方法，才能达到良好的治疗效果。那我们具体需要什么样的物理治疗呢？这需要医师对你的疾病进行评估、诊断之后才能够确定。

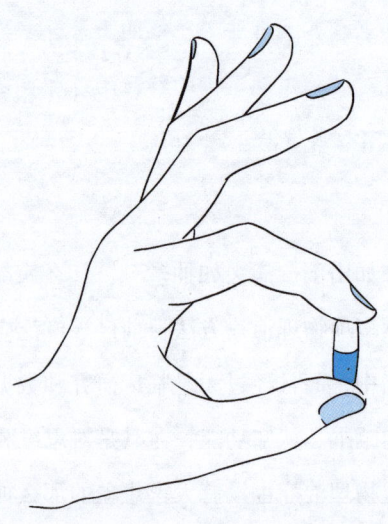

第二章　与"心灵感冒"的对话——治疗篇

25. 坚持物理治疗还需要药物治疗吗?

俗语说"是药三分毒",既然有那么先进的物理治疗设备,又是无公害的,为什么我们不能只选择这种治疗方式?我们要清楚,对于大多数精神疾病患者而言重点应放在病情的控制上面,这是需要通过药物治疗来达到控制症状、改善病情、减少复发次数的目的的。患者病态的行为、思维和心境必须通过精神药物来改变。随着医学的发展,有关联合治疗的研究也越来越多,抗精神病药物合并心理治疗、物理治疗、电休克治疗等治疗方法也在临床上推广和应用,治疗效果虽值得肯定,但药物治疗不可被取而代之。

物理治疗虽然安全、有效,但它是针对精神疾病患者所采取的辅助治疗,是为了加速患者的康复,临床上单纯使用物理治疗的情况较少,它不能代替药物治疗,即便是在坚持物理治疗的情况下,药也不能停。希望各位患者能在精神科医师的建议下规范接受治疗。

 5 "聊一聊"的治疗——心理治疗

对于心理治疗，人们往往会联想到做思想工作、谈心、劝导、指导、讲大道理、说教，甚至有人认为，心理治疗就是和心理医生坐在一起"侃大山"。大众对心理治疗的了解还是相当有限的。那到底心理治疗是怎么一回事？怎么进行？心理治疗师可靠吗？需要多长时间？真的有效果吗？一大堆的问题接踵而来，让需求者总是裹足不前，即使理智上觉得需要心理治疗的服务，也往往没有行动，困扰依旧存在。现在，心理治疗被社会关注的程度与日俱增，越来越多人认识到它的重要性，接下来，就让我们来了解心理治疗，揭开它那神秘的面纱吧！

第二章 与"心灵感冒"的对话——治疗篇

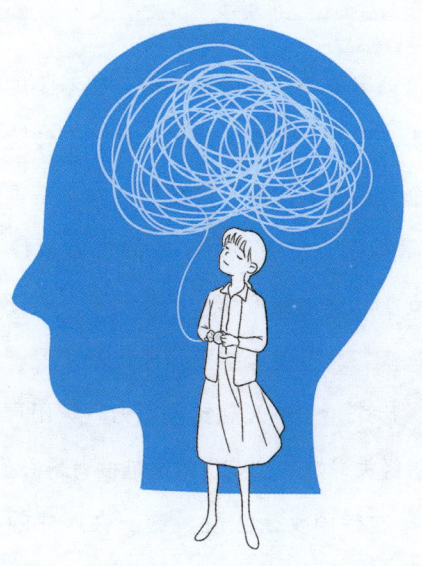

【案例】

　　周女士，56岁，律师，育有一女，婚姻美满，家庭和睦。周女士性格内向、要强，少言寡语，不善交际。一年前体检，胸片提示有"肺部结节"，当时周女士及家人并没有重视，近期她因咳嗽严重做进一步检查，被诊断患有肺癌。此时的她怎么也没有想到自己会得癌症，内心无法接受，整夜无法入睡，反复去想为什么自己会得癌症，整天坐立不安，担心手术、担心化疗、担心以后生活不能自理、担心自己受不了疾病的折磨等，根本不能接受患病的事实。后来，在家人的多次劝说下住院手术治疗，一个月后顺利出院。出院后周女士在家人的照顾下病情稳定，愈后良好，阶段性做放疗和化疗，但周女士始终情绪低落，不想做事，对任何事情都不感兴趣，总感觉心里有说不出的难受，难受时就想大喊出来，但是又感觉没有力气喊出声，还逐渐认为曾经关爱她的丈夫也越来越没有耐心了。

家人再次带周女士入院，这一次入住的是精神科。当医生告诉她需要做心理治疗的时候，周女士带着抵触的情绪并不认为心理治疗就能帮助到自己。最终在家人的劝说下，抱着试一试的心态，她还是接受了。治疗师运用认知行为治疗方式，通过三个阶段，一步步引导周女士。首先让其彻底释放内心痛苦的情绪，帮助其改善焦虑抑郁；然后分析影响其情绪的原因，及时帮她调整心态；最后改变她对疾病的不良认知，重新树立战胜疾病的勇气和信心，从而成功地缓解了周女士的内心压力，使她逐渐走出了情绪的低谷。

第二章 与"心灵感冒"的对话——治疗篇

知识点

26. 什么是心理治疗?

一提到"治疗",人们就很容易想到"疾病",一提到"心理治疗",大众就会认为,心理上有疾病,那就"聊一聊"。目前公众对心理治疗的认识尚有许多欠缺和偏差,在出现心理问题时,许多人不知道可以寻求心理治疗师的帮助,或者认为寻求这样的帮助就意味着"揭短",且表示自己缺乏能力去解决自己的问题,不愿意甚至不敢寻求心理治疗。实际上,能够勇敢地面对问题并积极寻找各种帮助,本身就是勇气和能力的体现。有的人

> 抱着试试看的心理去看心理门诊，谈了一次之后，觉得治疗师没有为他提供解决问题的办法，因而感到心理治疗没用或这个心理治疗师不行。实际上，心理治疗常常不是一次就结束的，需要建立一个稳定的治疗关系，患者与治疗师约定固定的时间，每周一次或几次按计划进行治疗。治疗时间长短根据疗法及患者存在问题的不同来判定。所以，我们首先了解一下，什么是心理治疗。真的"聊一聊"就能治病吗？

心理治疗，是指应用心理学的理论与方法治疗患者心理疾病的过程。从广义上讲，心理治疗就是通过各种方法，运用语言和非语言的交流方式，影响或改变患者的感受、认识、情感、态度和行为，减轻或消除使患者痛苦的各种情绪、行为以及躯体症状，通过解释、说明、支持、同情来改变对方的认知、信念、情感、态度，以达到排忧解难、降低心理痛苦的目的。从这个意义上说，人类所具有的一切亲密关系都能起到心理治疗作用。但是，心理治疗必须是由受过专业训练的治疗师，在一定的程序中通过与患者的不断交流，在构成密切的治疗关系的基础上，运用心理治疗的有关理论和技术，使其产生心理、行为甚至生理的变化，促进其人格的发展和成熟，消除或缓解其心身症状的心理干预过程。再说通俗一点，心理治疗就是通过和治疗师的人际互动，使得当事人的精神症状、躯体症状、痛苦情绪、不良的人际

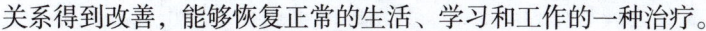

关系得到改善,能够恢复正常的生活、学习和工作的一种治疗。

了解了心理治疗的概念,我们再来看看它的具体分类。心理治疗的种类及实施方式多种多样:依据心理学的主要理论与治疗实施要点,可分为分析型心理治疗、认知型心理治疗、支持型心理治疗、行为型心理治疗、人际关系型心理治疗等;按照心理治疗进行的方式,又可分为个人心理治疗、夫妻心理治疗、家庭心理治疗、集体心理治疗等;按进行的时间长短,则可分为长期心理治疗、短期心理治疗与限期心理治疗等。

不同类型的心理治疗有不同特点,需要根据不同的病种和需求去选择适合自己的心理治疗。此处对第一种分类方式逐一进行介绍。

分析型

探求个体的心理与行为如何受自己童年期经验的影响而形成的潜意识,经过内心的分析,理解自己的内心动机,特别是潜意识中存在的症结,经领悟理解以改善自己的行为。

认知型

认知型心理治疗又称"认知治疗"。主要理论认为:个体对己、对人、对事的看法及观念都直接或间接地影响其情绪和行为。其非适应性或非功能性的心理与行为常由于不正确的或扭曲的认知而产生,如果更改或修正这些不正确或扭曲的认知,则可改善其心理和行为。所以，其治疗的重点在于矫正对人、对事错误或扭曲的认知。

✉ 支持型

所谓支持型心理治疗，是强调施治者应理解患者的处境，并且以此为依据用语言、行为等各种方式支持患者。一方面发挥患者自己潜在的自我调节能力，一方面运用患者周围的环境优势来改变患者目前的困境，特别是当患者焦虑或抑郁时，施治者更要尽量支持患者，同时还应调动其家属或同事支持患者，以减轻患者的心理困境与症状。

✉ 行为型

理论依据是人的任何行为经过适当的奖励或惩罚都可获得改进。

✉ 人际关系型

从"人与人的关系"这样一种特殊角度来理解人的心理和行为现象，认为人的所思所想、所作所为都脱离不了人与人之间的关系。其治疗的重点是改善不恰当、有困难的人际关系，并认为人与人之间的关系得到改善，一切问题也就迎刃而解了。

不管怎么说，心理治疗的对象虽然是某些心理出现障碍甚至疾病的人，但其实我们每一个人在成长过程中，多多少少都会

第二章 与"心灵感冒"的对话——治疗篇

遇到一些心理问题,就像人生道路上一定都会有一些坡坡坎坎,所以大家也应该知晓、掌握一些心理知识,让自己更好地乘风破浪、披荆斩棘。

知识点

27. 怎么才能意识到你需要心理帮助了?

心理承受达到极限值或者心理问题带来的痛苦体验本来是生活中的正常现象,但是如果这些问题持续存在而且本人逐渐失去控制能力,就属于心理障碍甚至疾病的范畴了。如果不能及时接受治疗,可能会导致更加严重的问题。

下面的几个信号可以给疑似有心理障碍的人做参考,如果你对下面描述的现象的回答是肯定的话,那就意味着你可能需要寻求心理治疗了。

脾气

是不是经常感觉到情绪压抑?对之前非常感兴趣的事情感到索然无味?觉得生活没有意义?或者觉得对很多事情力不从心,有深深的无助感?或者觉得自己做的事情没有意义?

梦魇

是不是经常被噩梦缠身，醒来之后仍觉得惊恐万分，难以忘掉梦境？

嗜好

是否开始依赖酒精、安眠药、止痛药，沉迷博彩、网游，也许意识到这样对自己不好，但还是很难摆脱？

饮食

是否没有食欲或者是想暴饮暴食，已经影响到身体健康？

睡眠

是否有严重的睡眠障碍？是否由于躯体不适等身体原因影响了睡眠？

恐惧

是否经常受到持续的恐惧心理影响，却找不到一个明确的恐惧原因？

强迫症状

是否觉得自己必须一遍又一遍地清点或者检查某样物品？认为自己必须要反复清洁身体某部位？或者头脑中总是持续想着一

些毫无意义的事情,但是又无法控制自己不去想它?

✈ 身体信号

是否经常感到身体不适,但在医生那里却检查不出是什么问题?

✈ 失控

是否觉得难以控制自己的情绪,非常想爆发出来或者想变成另外一个人?

✉ 失真感受

是否时常注意到一些别人压根不会留意的事情?

当发现自己存在以上问题的时候,你就需要寻找心理医生了。那么会采取哪些具体的治疗措施呢?

常用的心理治疗方法有五种。心理医生会根据病情的种类和程度来为患者"量身定制",然后就是长期的心理治疗过程,这需要患者很好的配合。

◎精神分析疗法

理论来自奥地利心理学家弗洛伊德的一种传统治疗方法,主要是通过追溯患者童年的一些经历来进行心理疏导。对于那些在个人成长过程中,尤其是童年时期有较大变故的患者有明显的作用。治疗方法之一是催眠。

◎深度心理咨询治疗

基于精神分析疗法,针对具体的、现实的问题进行治疗。心理上的障碍首先从身边的人际关系、矛盾心理等方面进行深入具体的分析。治疗方式以谈话为主。

◎行为疗法

行为疗法也被称为"认知行为疗法"。行为治疗的应用十分广泛,包括不正常的行为和个人问题如恐惧症、强迫症、抑郁症，以及各种成瘾行为、攻击性行为等。主要方法是利用反条件作用，让患者暴露于让其恐怖的物体或者情景中。

◎谈话治疗

更确切的说法应为"谈话心理咨询"。针对的是那些对自我经历和自我认知不相符的患者。心理咨询师的主要任务是帮助患者重新进行自我定位，正确认识自身行为，从而找回自信，克服自卑情绪。主要治疗方法为直接面谈。

◎系统治疗

把人作为社会的一部分看待，因此在治疗的过程中也有和患者相关的人参与，如父母、亲戚、朋友等。通过改善和改变患者与他们的关系来达到治疗效果。治疗方法主要是通过集体或者个体的面谈来进行。

除了选择一种合适的心理治疗方法之外，患者也需要最大程度地配合医生，才能在最短的时间内取得最好的效果。

知识点

28. 心理治疗一次就能见效吗？

进行首次心理治疗时，人们总是会说：我希望通过一两次的心理治疗，彻底解决我的心理问题。可心理治疗并不是一两次就能解决心理问题的。

那么什么时候才能起效呢？具体要治疗多少次呢？这些是很多人的疑问，我们接下来从以下四种治疗机制的建立来告诉大家，良好的心理治疗效果是如何产生的，从而让大家找到以上问题的答案。

施治者的支持与辅助

一个人在情绪不稳定、心情不舒适的时候，最需要的莫过于别人的支持与安慰了。一支本有希望夺冠的球队，结果却铩羽而归，此时，队员最需要的莫过于理解与支持、安慰与休息，而并非一味地指责。同样，刚刚丧偶、失去子女、事业失败、生病受伤的人，心理上最需要的正是别人的体贴、安慰与支持。

所谓"千里送鹅毛，礼轻情义重"，一句关心的话，一些同情的表示，犹如雪中送炭，使受困苦的人更为感动，使一个精神将要崩溃的人能重新振作起来。不管是球场上的败军之师，还是生活中丧偶失子、事业失败的人，或者对学习毫无兴趣的人，其共同心病就是失去了对自己、对人生、对未来的希望。因为经过长久的努力，人们往往精神疲乏，所以失败后容易意志消沉，失去面对困难的信心。

因此，心理治疗能使患者好转的治疗机制之一就是帮助患者重燃希望、恢复动力。给患者提供适当的支持与辅助，可以说是心理治疗的前提，也是心理治疗的根本所在。

第二章 与"心灵感冒"的对话——治疗篇

▽ 求治者的认知与领悟

对于长期失意的人,或反复陷于困扰处境的人,还得进一步强化其认知与领悟,才能使其脱离无法自遣的症结,正视自己看不到的矛盾,才能摸索到改善的方向。

所以,心理治疗就是帮助患者分析自己的内心,使其看透自己的潜意识,了解自己心理与行为的意义,继而发现解决心理问题的方向。只要有了充分的了解,问题的答案也就不难获得了。人类是高智能生物,认知能力强,领悟力高,只要"知道"自己,便可以指挥自己,驾驭自己,并能使自己朝着正确的方向发展。当然,要想发觉心理问题的症结所在,认知其性质,意识到从前没有意识到的潜在动机,是需要时间、耐心和精力的。

▽ 治疗中的训练与学习

一般来说,心理治疗通常要兼顾三个方面:一是定向,即了解问题的性质,决定可能改善的方向;二是激活,即培养患者希望得到医治,以求得改善的动机;三是改变,即帮助患者实际地改变行为或改善态度。有些行为由于年深日久,变成了性格的一部分,即使要改,也需要一段时间慢慢地去学习、训练、矫正,最后才能改变。

而此时心理治疗则是利用心理学意义上的"学习原理"来帮助求治者改变行为,即适当地利用奖赏、处罚来消除不合适的旧行为,增加合适的新行为,同时应用有效的方法去训练新的行为方式。

心理治疗的着眼点,不仅在于通过训练使求治者的行为得到改善,而且还要通过刺激使其观念和态度得以改变,帮助求治者建立一种比较积极、有效而且适合的基本态度,这往往要经历一个长久的过程,一次一次进行,并非一朝一夕就能做到的。

促进自然愈合与成长

外科医生用针缝合伤口,只能促使伤口慢慢愈合,却无法使伤口直接复原。同样,心理治疗也只能帮助求治者自己慢慢地从心理困境中解脱出来,慢慢康复。心理治疗的目的在于,把求治者的心理压力与自我挫折感尽量减轻,让患者能发挥自己的主观能动性,慢慢去克服、改变自己在心理和行为上的缺陷。

有时,心理治疗仅是帮助患者渡过危机和难关,需待时机和条件成熟时,依赖患者自我心理调治能力的重建,促使自我走向健康与成熟。心理治疗的作用,旨在帮助排除可能的障碍,让求治者健康发展,或从过去的经验中学习新经验,从新知识里获取克服困难的要领与技巧。

总之,心理治疗并非神秘的玄术,也不是看相算命的骗人把戏,而是一种应用心理学。它是利用心理学的原理支持一个心理有困境的患者,从自己了解自己的过程中寻找"心结"和解决问题的方法,培养自己应付困难的能力,充分调动患者的主观能动性来解决自己的心理问题。

第二章 与"心灵感冒"的对话——治疗篇

知识点

29. 心理治疗与心理咨询有什么区别?

当人们遇到心理障碍或者出现心理问题时,都需要通过专业人员进行心理疏导,严重的情况下还需要治疗,以免影响到正常的生活。比如当生活中遇到不愉快或者遭遇了某种挫折时,就可能需要心理方面的指导,以免影响人际关系或者正常的生活。而心理咨询常是成长咨询,着重处理每个人都可能会遇到的问题,比如人际关系问题、家庭矛盾等,一般情况下这些问题比较轻微,治疗时间比较短。而心理治疗相对来说比较严肃一些,主要针对精神心理疾病的患者,比如焦虑症、抑郁症、强迫症或精神分裂症等,治疗的时间相对较长。所以两者有着本质上的区别。

定义不同

心理咨询：通过人际关系，运用心理学方法，帮助来访者自强自立的过程。

心理治疗：在良好的治疗关系基础上，由经过专业训练的治疗者运用心理治疗的有关理论和技术，对来访者进行帮助的过程，以消除或缓解来访者的问题或障碍，促进其人格向健康、协调的方向发展。

目的不同

心理咨询的目的：帮助来访者在咨询的过程中转变成长，同时提高来访者应对挫折和各种不幸事件的能力，使之能够面对和处理自己人生中的问题。

心理治疗的目的：治疗者更突出地运用有关心理治疗理论对来访者进行帮助，以消除或缓解来访者存在的问题或心理障碍，促其人格的健康发展。

工作对象不同

心理咨询的工作对象：主要是正常人、正在恢复或已复原的患者。

心理治疗的工作对象：主要是有心理障碍的患者。

第二章 与"心灵感冒"的对话——治疗篇

适用范围不同

心理咨询：着重处理的是正常人所遇到的各种问题，主要是人际关系问题、职业选择问题、教育问题、婚姻家庭问题，等等。

心理治疗：主要为患有心理障碍、行为障碍、心身疾病及精神类疾病中的轻症患者或康复中的人等。

需要时间

心理咨询：一般用时较短，咨询次数为一次到几次。

心理治疗：时间较长，治疗需要几次到几十次不等，有的甚至要几年。

帮助者和求助者在咨询与治疗中的称谓不同

心理咨询：帮助者为咨询者，求助者为咨客或来访者。

心理治疗：帮助者为治疗者，求助者为患者。

结合我国实际情况，目前所持有的资质也不同

心理咨询：心理咨询人员不得从事心理治疗或者精神障碍患者的诊断、治疗。

心理治疗：心理治疗人员是通过全国卫生专业技术资格考试获取证书即心理治疗师证书的人员，以及精神科专科医生。

简单一点来说,心理咨询基于平等的咨询关系,其目的是更好地沟通问题;而心理治疗则强调有心理方面问题的患者要配合心理导师,其目的是消除心理障碍。

# 精神科的听诊器
——精神科量表测评

在目前精神疾病的诊断仍缺乏特异性客观指标的情况下,精神科量表在对病情的量化评估中便扮演了重要角色。量表的定义:对精神症状进行标准化、定量化的评定,以获得比较客观的、可比的、数量化的资料,它是衡量精神疾病严重程度的一种工具。一个量表的基本构成,包括名称、具体项目或条目、项目定义、分级和分级标准等,有些量表还有评定指导等附加内容。量表所得结果的意义及分析方法因其种类、性质和具体应用而异。

【案例】

王依晴，26岁，公司员工。两个月前，小王出现了不明原因的情绪低落，觉得似乎没有任何一件事情值得去做，曾经热衷的爬山运动也不再感兴趣，不愿出门，总想避免一切交际，把自己藏起来，感觉自己丧失了体验快乐的能力，觉得生活异常空虚，工作也常常无法集中精力完成，下班走路都变得缓慢且"沉重"，回到家连看电视都心不在焉，甚至感觉自己越来越健忘，常常独自哭泣，认为自己一无是处，认为自己根本不值得别人去关注，但又深深体会到一种被人忽视的悲伤，在纠结矛盾中，觉得未来一片黑暗，出现经常性失眠。有一天，小王在网上看到自测抑郁症广告，经测试，网站提示：轻度抑郁症。小王心想：这！这就诊断了？我真的就是抑郁症了？随后的几天，小王焦躁不安，忧虑过度还患了感冒。某一天她又测了一次，网站提示：重度抑郁症。之后小王便一直沉溺在消极情绪当中，直到被父母发现，带她就诊。到了医院，医生通过面诊、交流，了解了小王的情况之后，拿出了一些量表让小王填写。经过初步评

第二章 与"心灵感冒"的对话——治疗篇

估,医生告诉小王,目前仅考虑是抑郁状态,尚不能确诊为抑郁症,她需要调整自己的情绪,如果情绪持续不好,或者加重,那可能需要再次来就诊。听到医生的话,小王和家人长长地松了一口气。

知识点

30. 为什么去精神科除了仪器检查,还需要做量表测评?

很多来精神科就诊的患者会有疑惑:为什么除了仪器检查,还需要做量表测评?他们认为做评估量表没有必要,不像做血液检查、B超检查及影像学检查等客观,觉得把自己心里不舒服的感觉和医生说说就行了,做量表评估有些多余。由于每个人对症状的感受不同(如都是头痛,有人感觉剧痛,有人觉得隐隐痛),关注点不同(有人总是关注自身哪个部位不舒服,有人则总说心情不好的客观原因),表达方式也不同(如有的人说有时候头痛,有的人说每天出现一两次,有的人则是每周出现一两次),所以做量表评估很有必要。

客观性

评定量表的目的很清楚,术语严格,等级划分清楚,不同主试对同一受试的评分结果一致,能客观地反映观察对象的情况。

数量化

评定量表对行为、心理状态以及病理症状均数量化,便于比较。

全面

为使一个量表反映某一心理品质,设计时相关内容都会包括在内,比较全面。

此外,在进行标准化诊断的同时,还需要精神科医生对治疗效果进行评价,医生不仅要确定是否存在症状,还要评定存在症状的严重程度,了解症状持续时间或出现的频率,这都要求对精神症状进行量化处理。

是否初次就诊的时候做一次量表评估就行了?当然不是,尤其是评估疗效的时候,一般住院患者每周评估一次最合适,门诊患者可以两周评估一次,这有助于医生动态观察治疗效果,决定是否需要合并用药或者改变治疗方案。

根据用途,精神科的量表一般可以分为诊断量表、症状量表、社会功能评估量表、治疗效果评估量表以及不良反应量表

第二章　与"心灵感冒"的对话——治疗篇

等；根据病种分为抑郁量表、焦虑量表、躁狂量表及强迫量表等；就评定方式而言，可以分为大体评定量表和症状评定量表，或自评量表和他评量表，或观察量表和检查量表等。量表评估作为精神检查的补充，可以有效地帮助临床医生客观、动态、全面评估患者的症状、疗效、不良反应以及社会功能恢复情况。

知识点

31. 量表测评有针对性吗？

精神科评估量表是用来筛查疾病、辅助诊断、评估治疗效果的，以便早发现早治疗或及时调整治疗方案。

量表是有针对性的，心理评估量表依据其用途分为诊断量表、症状评估量表和其他量表。诊断量表是一类配合诊断标准编制的量表。如复合性国际诊断用的检查提纲（CIDI）就是一个精神检查提纲，并且可以依据国际疾病分类第十版（ICD-10）做出各类精神障碍的诊断。症状评估量表是一类针对某一个或一组症状进行评估的量表。如汉密尔顿抑郁量表（HAMD）就是围绕抑郁症状的各种表现评估抑郁症状的严重程度和特点的量表。其他量表包括用于特定目的的量表。如生活事件量表（LES）反映被评定者一定时期内所经历的各种生活事件，评估其对心理状态的

影响。侧重其他特征的分类还有按照评定方式分的自评量表、他评量表、观察量表、检查量表；按评估对象的年龄分的儿童用、成人用、老人用量表等。下面简单介绍一些常用量表。

焦虑抑郁自评量表

Zung 抑郁自评量表（SDS）、Zung 焦虑自评量表（SAS）和综合医院焦虑抑郁量表（HADS）是最为常用的用于评定患者抑郁或焦虑主观感受的自评量表。

焦虑抑郁他评量表

汉密尔顿抑郁量表（HAMD）是应用最为广泛的抑郁评估量表，具有较高可信度和有效度，是其他抑郁量表平行效度检验的金标准。这是一个他评量表，由经过培训的评定者通过交谈和检查方式评估，一般需要 15～20 分钟，分 17 项、21 项和 24 项 3 个版本，以总分和因子分反映抑郁严重程度和特征。

汉密尔顿焦虑量表

汉密尔顿抑郁量表（HAMA）是最经典的焦虑评估量表，可信度和有效度较高，也是他评量表，测评一般需要 10～15 分钟，共 14 项，以总分和躯体性焦虑和精神性焦虑两因子分反映焦虑严重程度和特征。

第二章 与"心灵感冒"的对话——治疗篇

◇ 人格特质测评量表

明尼苏达多项人格测查（MMPI）是迄今应用极广、颇富权威的一种纸−笔式人格测验。该测验常用于鉴别精神疾病。

◇ 生活质量评估量表

世界卫生组织对与健康有关的生活质量测定量表100项（WHOQOL-100），是用于测量个体与健康有关的生活质量的国际性量表，是目前国际上最为常用的生命质量标准化测量工具之一。

绝大多数精神科疾病还是根据现象学在诊断，医生根据症状的严重程度、持续时间，以及疾病对功能的损害程度，来判断到底有没有问题，情况严不严重，此时量表可以作为筛选和辅助诊断的工具。通过量表医生可以对患者是否可能存在相关疾病和症状有个初步评估。在某种程度上，量表就像精神科的"化验单"，但结果仅供临床医师和患者参考，不能替代临床医师的工作和判断，更不是司法鉴定结果。

不同的量表有不同的测量内容和使用场景，有些适合筛查，有些适合评估严重程度，有些是综合量表，有些专门测试一个疾病或症状……医生开的每一个量表检查项目，都自有其目的和考量。

现在网络上有很多趣味小测试，它们往往有着很吸睛的标

题，如：测一测你的内心在害怕什么？通过睡姿，测一测你是一个什么样的人？诸如此类。很多人会被这些测试吸引，选择一些自己感兴趣的来测一测。在这里，我们郑重提醒大家，专业量表和趣味测试是有区别的，有些患者通过网上没有任何科学性的测试测出来"重度抑郁"，就"一测定终身"地给自己贴上抑郁症的标签，一直沉溺在消极情绪当中，放弃调整，最后去医院一诊断，医生却说调整两周就好了，自己只是一时的抑郁状态。所以，网上的很多测评都不正规，或者解释简单，当自己真正出现精神心理问题时，请及时到医院就诊，医生会对你进行专业的精神量表测评，并且给出非常专业的诊断。

第二章 与"心灵感冒"的对话——治疗篇

32. 量表测评能真实反映疾病的严重程度吗?

心理测评量表是心理测评的常用工具之一,适用范围广泛,施测简便,测评科学、规范,能够迅速获取测评结果。但量表的测评并不能完全替代诊断疾病的标准以及全面反映疾病的严重程度。它虽在临床上被广泛使用,但仍存在一些局限和不足,主要的问题在于量表的选择、量表的施测、测量结果的评价几方面。

量表的选择

网络和科普读物当中流行的游戏性心理测验被不懂心理学却对心理测评有需求的人随意拿来使用,施测受测为同一人,依照其给出的评价标准,进行自我判断,这是很危险的。因为这类量表编制的科学性和标准化处理均没有经受科学检验,不具有指导意义。受测者因不了解其实质,盲目相信测评结果,会对自身做出非客观判断。

一部分非心理学、精神医学专业出身的从业人员,由于没有扎实的理论基础,对各种心理测验量表的理论、产生背景、国外量表本土化过程等知之甚少,对心理测量理论发展的新动向不了解,工作中易出现量表选择不当的情况。

📄 量表的施测

由于心理测验属于对人心理层面的研究，必然存在着一些不稳定的因素。施测过程中，受测者测验兴趣、测验动机、情绪状态、态度、身体状况等都会影响测量效果，比如我今天高兴，明天又不高兴了，对测试结果都是有一定影响的。此外，测试的环境，如温度、采光、噪声、空间、测验团体人数的多少也会影响测验结果。未掌握心理测量技术、未经严格的专业训练的从业人员，在施测过程中，易对受测者原有的动机、情绪状态、身体状况缺乏关注；易使用不当的指导语，擅自发挥；对时间控制不佳，环境安排欠妥。这些不规范的施测过程，都会影响结果的可靠性。

施测者的专业化程度不够，测前谈话不充分，没有取得受测者的完全信赖，使受测者的配合程度不够，测评中会有不如实回答问题等掩蔽行为，使测量的准确性受到影响。个人对心理测评有恐惧或偏见，也会产生不认真作答等现象，同样使数据失真或无效。

📄 测量结果的评价

测量结果解释不科学。如施测人员水平有限或不了解测评技术，易导致对测评结果的解释或过于简单，只满足于测评系统对测评对象的格式化、公式化的评价，或过于主观，任意夸大分数的意义。还有的测验人员解释的语言过于学术化或者模棱两可，这样会导致受测者无法正确理解测评结果。有些施测人员采用绝对化的语言，甚至利用测验结果给受测者贴标签，结果使受测者心理负担加重。

测评结果呈现不当。有些施测者对测评结果的呈现存在着"全或无"的现象。完全呈现所有的测评结果可能导致受测者片面地理解自己的心理状况，还有可能导致有问题的受测者产生不必要的心理负担。完全不呈现测量结果则使受测者无法及时了解自身的心理状况，导致不能据此调节和完善自我。

在心理测评量表的使用上，大家往往会有一个误区：分数高，就说明人有问题，就代表疾病严重了。实际上心理测评的量表分数，除了评估发现问题、收集资料之外，更大的作用是统计。量表测评并非只完成一次、两次，而是每个阶段都需要进行量表测试，通过客观数据统计，分数的变化会呈现出一个人当下的心理状态。所以，量表的测评结果并不能全面反映疾病的严重程度，更不是大家认为的，分数高心理状态就更糟糕。一旦发现自己有心理问题，最靠谱的做法就是找专业的医生和咨询师，相信他们的诊断和评估结论，在其帮助下有效地去解决自身问题。

7 精神科的独门绝技
——保护性约束

精神疾病所导致的患者的非理性行为不仅威胁着患者自身的健康和安全,也威胁着他人的人身安全和财产安全。为了确保患者和他人的安全,在临床治疗过程中,可能会采用保护性约束的方法来临时限制患者的不良行为,帮助患者稳定情绪,确保治疗顺利进行,防范意外事件的发生。那么,大家都知道精神科保护性约束是什么吗？或许在你的理解里进行约束就是让人感到恐惧、反感的"惩罚""捆绑",但是,当你了解精神科保护性约束后,相信你会改变自己的看法。

第二章 与"心灵感冒"的对话——治疗篇

【案例】

29岁的青岛姑娘小美,生病6年,被诊断患有双相情感障碍,因病情稳定度欠佳,疾病反复发作,多次住院。病情稳定时,小美是个相貌可爱、懂礼貌、见人会微笑的乖乖女,每次住院都能交到很多朋友。但在病情复发时,小美则像变了一个人似的,情绪极度不稳定,经常自伤自残,手臂上留下了许多割伤瘢痕,是医生护士的重点监护对象。用小美自己的话来说,每次发病内心都极度悲痛,控制不住地想尽一切办法来伤害自己,寻找尖锐物品割腕或者用头撞墙,或者极度狂躁,摔砸身边一切能搬动的东西,或者用拳头打门,等等。在这种时候,为了帮助小美控制情绪,医护人员就会使用保护性约束的治疗方式,将小美的行动暂时做一下限制。

有一次因为病情复发,小美趁家属不备,哭着去用拳头打病区的大门,狠狠打了好几下,手部顿时出现了瘀肿。当班的医护人员立即将小美控制住,然后带回到病房里,使用专业的约束带将小美限制在病床上,直到她情绪稳定后,才将

约束取消。事后,小美回忆到:"我被进行约束的时候是很害怕很抗拒的,心想,为什么自己会被这样对待,带着愤怒、绝望、悲痛,不停挣扎,为了反抗,甚至对着医生护士吐口水、破口大骂,然而没有一位医护人员为之生气,依然保持着专业的态度,帮助我在病床上饮水、进食、排便,不时地检查约束带对我皮肤的压力,关心询问我的不适。其他的病友和家属也都非常关心我,会主动过来安慰我,给我送零食和日用品,为我梳头发、按摩四肢。在这种时候,是他们让我在痛苦中感受到了无比的温暖,让我在黑暗中看到光明,让我有勇气与希望继续前行,对抗疾病!"

知识点

33."不听话就绑起来!"真的是这样吗?

精神疾病患者的管理始终让医院外的人们充满好奇,面对那些冲动暴力和情绪失控的患者,精神科究竟是怎么制止和管理他们的呢?

第二章 与"心灵感冒"的对话——治疗篇

当遇到特别冲动、行为失控的患者，医护人员会首先试着与其沟通，并评估患者的现状是否存在较高的风险。如果沟通无效，且患者的行为又有很高的风险，就会在和患者监护人充分沟通，并由监护人签署知情同意书之后，遵医嘱使用专用的约束工具，对患者的行为做暂时的限制，以此制止患者的冲动风险行为，这一过程就叫"保护性约束治疗"。

专业地讲，保护性约束治疗又叫"冲动行为干预治疗"，指在精神科医疗、护理过程中，医护人员针对患者病情的特殊情况，紧急实施的一种强制性的、使用约束工具适当限制患者冲动、自伤、伤人、言行紊乱、治疗不合作等行为，以保证患者安全的医疗保护措施。很多人就会理解为是"哪个患者不听话了，就把他绑到床上"那么简单。但其实，保护性约束是精神科治疗的一种独特的护理操作技术，并不是用来惩罚患者的，虽被称为"约束"，但其重点却是"保护"。有研究表明，保护性约束治疗不仅可避免患者伤害他人、损坏物品、自伤、自杀等风险行为的发生，最大限度地减少其他意外因素对患者的伤害，还可提高患者的治疗依从性，促进治疗顺利进行。

患者入院的时候，医生都会告知监护人有关保护性约束的相关事项，并签订保护性约束知情同意书。个别患者家属会认为这是对患者的惩罚，伤害患者自尊，从而拒签；有的家属虽然签字，但是在实际操作前又会拒绝这一治疗，认为这是缺乏人文关怀的惩罚；很多患者也不能理解保护性约束这一强制性治疗措施，认为是侵犯了自己的人身自由权。这些现象都源于大家对保护性约束治疗的不了解，所以在入院后，医护人员也会加强对患者及家属在精神科特殊治疗方面的相关知识宣教。这不仅能让患者得到更好更快的治疗，也降低了医患关系恶化的风险，在医护人员和患者家属彼此知情和充分理解的情况下，更好地为患者营造一个适宜的治疗环境。

知识点

34. 哪种情况需要实施保护性约束？

对患者实行保护性约束治疗需要一定的指征，不可以随意滥用。我国2013年5月1日正式实施的《中华人民共和国精神卫生法》规定：实施保护性医疗措施应当遵循诊断和治疗规范，并在实施后告知患者的监护人，禁止利用约束、隔离等保护性医疗措施惩罚精神障碍患者。那么，哪种情况需要实施保护性约束呢？

患者对治疗护理不合作

很多精神疾病患者入院时就否认自己有病，并且不安心住院，不配合治疗。医护人员经过反复沟通宣教和劝慰疏导无效时，就会实施保护性约束，以促进治疗的顺利进行。

第二章 与"心灵感冒"的对话——治疗篇

🔹 患者有明显的攻击和伤害他人的行为

精神病患者有一部分伴有幻听和被害妄想,经常听到有人在对他说话,有人要害他,受精神症状的支配,会让他们突然地去攻击他人;还有一部分患者情绪极度不稳定,易激惹,和他人一言不和就容易出手伤人。对于这类患者,及时给予保护性约束是为了保护患者和周围人群的安全。

🔹 患者有强烈的自杀观念

抑郁症是精神科常见的疾病,患者常常郁郁寡欢,总是想着怎么结束自己的生命,有的患者行动十分隐蔽,有的患者行为则非常激烈，比如撞头、咬舌、跳楼等。为了保护患者自身的安全，在医护人员不能劝说制止的情况下，给予保护性约束可以控制患者的自伤、自杀行为。

极度兴奋，扰乱医疗秩序的患者

临床上许多患者出现精神症状时会不受控制地兴奋、多语、行为紊乱，这些情况会影响住院期间的其他患者的诊疗秩序。对这类患者实行保护性约束可以适当地帮助他们控制自己的情绪，也有效地维护了医疗秩序。

患者出现意识障碍，可能会威胁自身的安全

意识障碍的患者在错误的时间、空间和人物认知支配下，可能会做出一些危险的举动。在患者缺乏充分的监护条件下，实施保护性约束可以保证患者的安全。

实施保护性约束是医生在充分了解患者病情的基础上有权决定是否实施的治疗方式。在实施过程中医护人员都会做到尊重患者，保护患者隐私，并充分体现人文关怀，安抚患者情绪的同时，尽可能减少保护性约束对患者造成的伤害。

35. 我会被一直"保护"起来吗？会有人趁机欺负我吗？

由于对保护性约束了解不全面，很多家属以及患者认为进行约束之后就会被一直持续"捆绑在床上"，甚至担心这样一直限制患者的活动，患者会被其他患者趁机攻击。其实这样的担心是不必要的。保护性约束是专科医护人员必须通过专业的培训、考核后按照规范的流程进行的。现在就让大家了解清楚，在实施了保护性约束治疗后，我们医生护士必须要做的事。

首先，在实施前，医护人员会向患者和家属解释约束的必要性，实行保护性约束是为了保护患者安全、保证治疗顺利进行的方法，不是惩罚患者的手段，双方会签订保护性约束知情同意书。

其次，医护人员会评估患者病情、意识、状态、肢体活动度、约束部位皮肤色泽等，评估需要使用约束用具的种类和约束部位，向患者和家属讲解约束用具作用及使用方法，取得他们的配合。

实施约束时，约束带松紧适宜，以能伸进一二指为宜，这样既能保证患者不能挣脱约束带，又能保证肢端血液循环良好。约

束位置尽量做到让患者感受舒适，保证肢体及各关节处于功能正常的位置。

约束完毕后，护士会和家属一起检查并清除患者身上的危险物品，避免患者拿到危险物品，在约束后发生意外。

需较长时间约束的患者，护士至少 30 分钟巡察一次，观察约束部位的末梢循环情况以及约束带的松紧程度，每两小时评估一次，发现异常时及时处理，必要时会松解并进行局部按摩，促进血液循环。

在保护性约束的治疗全程中，医护人员会随时关心患者的情绪、冷暖、舒适度，协助患者洗漱、料理卫生、更换体位等。

对于兴奋躁动不安者，护理人员会定时协助饮水、进食，保证机体生理需要量，维持内环境的平衡。

约束期间，护理人员会准确如实书写约束记录，在护理人员交接班时会在床旁交代约束的原因、时间，约束部位的皮肤、血液循环情况，约束带松紧度，患者皮肤情况及基础护理情况，清点约束物资，确保患者的安全。

保护性约束属于制动措施，所以使用时间不会太长，待患者病情稳定或治疗完毕，经医生评估后，会及时给患者解除约束，并且再次评估患者约束部位的皮肤色泽、体温等，向陪护人员交代安全注意事项。

有条件的情况下，被约束的患者是被安置在单独的病房或者约束室的。在条件有限的情况下，被约束者也是在工作人员的监护视线范围内,所以不用担心被约束了就没有人关心、关注,甚至会被旁人欺负。

知识点

36. 约束患者的行为违法吗?

很多人会认为:凭什么你们医护人员就可以进行约束?是谁赋予了你们限制患者人身自由的权限?这里,将给大家介绍一下保护性约束相关的法律问题。

2013年5月1日正式施行的《中华人民共和国精神卫生法》第四十条规定:精神障碍患者在医疗机构内发生或者将要发生伤害自身、危害他人安全、扰乱医疗秩序的行为,医疗机构及其医务人员在没有其他可替代措施的情况下,可以实施约束、隔离等保护性医疗措施。实施保护性医疗措施应当遵循诊断标准和治疗规范,并在实施后告知患者的监护人。禁止利用约束、隔离等保护性医疗措施惩罚精神障碍者。

那么哪些行为违反法律法规了呢?

> 盲目、随意约束患者是一种侵权行为，侵犯了患者的知情同意权

《医疗事故处理条例》第十一条明确了在医疗活动中，医疗机构及其医务人员应将患者的病情、医疗措施、医疗风险如实告知患者。因未取得患者法定监护人同意，就对患者进行保护性约束治疗，侵犯了患者及家属的合法权益的，不受法律保护。

> 滥用约束，剥夺了患者自由，侵犯了其人身自由权

我国《宪法》第三十七条规定：中华人民共和国公民的人身自由不受侵犯。任何公民，非经人民检察院批准或者决定或者人民法院决定，并由公安机关执行，不受逮捕。禁止非法拘禁和以其他方法非法剥夺或者限制人身自由，禁止非法搜查公民的身体。在管理患者时，满足不了患者正常的生理、心理需求，当患者出现攻击语言时，借助治疗的名义限制患者，滥用约束，剥夺其自由权，这些都是禁止的。

> 患者的生命健康权

《中华人民共和国民法典》规定了自然人享有生命权、健康权。约束过程中，医护人员如果不认真履行岗位职责，不严格执行规章制度与护理常规，缺乏慎独精神或技术不精，使患者身体健康受到不同程度的伤害，是对生命健康权的侵犯，也有悖于护理职业道德和伦理规范。一旦诉诸法律，追究法律责任，如果侵

权人过错程度低、损害结果轻,将通过民事方式解决,如调解、赔礼、赔款等。

精神科医护人员是一个独特的医护团队,为保障患者安全、防范意外事件发生,实施保护性约束措施时如果行为人严重擅离职守、不能履行岗位职责,造成患者严重伤残或死亡的,将构成医疗事故罪,不仅将受到民事处罚,同时还会承担刑事责任。

第三章

"心灵感冒"的康复之路

——康复篇

1 何为精神康复治疗？

据世界卫生组织统计，近年来精神疾病发病率有逐年升高的趋势。按照世界卫生组织生命质量测定评估，精神疾患在我国疾病总负担的排名中居首位，已超过了心脑血管疾病、呼吸系统疾病及恶性肿瘤等。精神疾病具有复发率高、致残率高的特点，是一类严重影响人们身心健康的疾病，患病后因病致残、因病返贫现象相当严重，给家庭和社会带来了沉重的经济与安全负担。精神疾病患者回归社会是一条艰难而漫长的道路，需要医生和患者以及社会共同努力。在这个漫长的过程中，医生会根据患者的病情及时调整治疗药物，使患者在获得最佳疗效的同时，承受尽可能少而轻的药物不良影响，以利于患者接受康复治疗和训练，全面恢复社会功能，尽早返回原学习或工作岗位。

【案例】

陈哲年，男，47岁，离异，患精神分裂症15年。陈大哥自述当年与妻子感情不和而离婚这件事对其打击很大，同时因单位人事复杂，他在工作上也感受到了巨大的压力，情绪常处于崩溃的边缘。不久后，陈大哥出现精神异常，无缘无故感觉单位领导同事都在害自己，在自己身上装窃听器，一言一行全在他们掌控范围内，他甚至怀疑自己的婚姻破裂也是受他们的迫害所致。不仅如此，他还怀疑领导和同事们对自己进行骚扰，晚上睡觉时经常在天花板上制造噪声，让他根本无法入睡。后来，陈大哥在父亲的陪同下前往精神专科医院治疗，初期由于其治疗依从性不好，治疗时断时续，病情一直不太稳定，医护人员除了必要的药物、心理、物理治疗外，还给予了急性发病期的精神康复治疗。在病情稳定出院后，又因为长期生病治疗，单位为其办理了病退，陈大哥没能继续工作，平日里主要以照顾父母生活为主。生活重心发生了巨大改变，情绪和适应能力又出现了问题，导致病情时好时坏，每次发作时，便会认为身边的人要害他，自言自

第三章 "心灵感冒"的康复之路——康复篇

语,出现谩骂、恐吓邻居和家人等行为。此时,医护人员除了加强规范的药物、心理治疗外,还要求他与家人一起完成维持期的精神康复治疗,学习自护技能、疾病药物管理技能等。

后来,患病时间长了,陈大哥及其家人也在医护人员的帮助下,越来越多地掌握了疾病的相关知识,更加规范地坚持按医嘱服药,并保持每月一次的复诊。如今陈大哥的治疗已经进入了药物减量稳定期,虽然病情没有痊愈,但状态在逐步好转。此时,医护人员向他和家人提出了更进一步的稳定期精神康复治疗方案,希望陈大哥可以回归社会,重拾自己的家庭、社会角色,独立工作和生活,恢复健康。

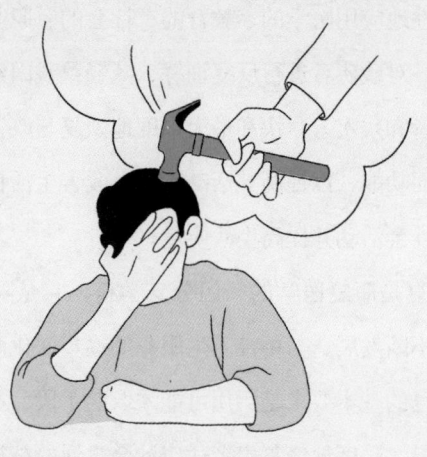

知识点

37. 精神康复治疗

以上案例中,我们多次提到了"精神康复治疗",现在就让我们来给大家说说什么是精神康复。精神康复与躯体疾病如骨折、外伤、卒中等的康复目标是一致的,就是运用一切可以采取的手段,纠正患者的精神病性症状,使患者恢复适应社会生活的能力。

我们先来了解一下何谓"康复"。"康复"又称"复元""恢复原来的良好状态",指躯体功能、心理功能和社会功能以及职业能力的恢复。世界卫生组织对"康复"的定义是:"康复是指综合性地与协调性地应用医学的、教育的、社会的、职业的和其他一切可能的措施,对残疾者进行反复训练,减轻致残因素造成的后果,使伤者、病者和残疾人尽快和最大限度地恢复与改善其已经丧失或削弱的各方面功能,以提高其活动能力,改善生活自理能力,促使其重新参加社会活动并提高生活质量。"

精神康复是康复医学的一门分支学科。它是随着康复医学及精神医学的不断发展、与精神卫生服务的逐步深化而蓬勃兴起的。精神障碍康复的基本要求是运用可能采取的手段,尽量纠正病态的精神状态,最大限度地恢复患者适应社会生活的精神功能。它的目

第三章 "心灵感冒"的康复之路——康复篇

标就是让患者回归社会,使患者的生活和工作重新得到安置。

精神康复的方式主要分为医院康复、居家康复以及社区康复。而医院康复是整个精神康复的重要环节之一。下面来了解一下,在住院期间,医院康复为患者主要做些什么。

(一)生活行为的康复训练

日常生活与活动技能训练

日常生活与活动技能训练以提高患者生活的自主性和独立能力为目的。有些患者在病情发展过程中会出现不注意个人卫生、行为退缩、生活懒散、不打扫房间也不洗衣做饭,严重者生活完全不能自理,如:基本的洗漱、穿衣、饮食、排便等活动都无法完成。这可能是精神障碍患者出现的慢性退缩性症状或者病情残留症状。训练以手把手督促的形式,且坚持每日数次,结合适当的奖励刺激。通过2～3周的训练,多数患者会有明显改善。在医院,医护人员会督促或定期刺激患者,使其持之以恒地坚持训练。

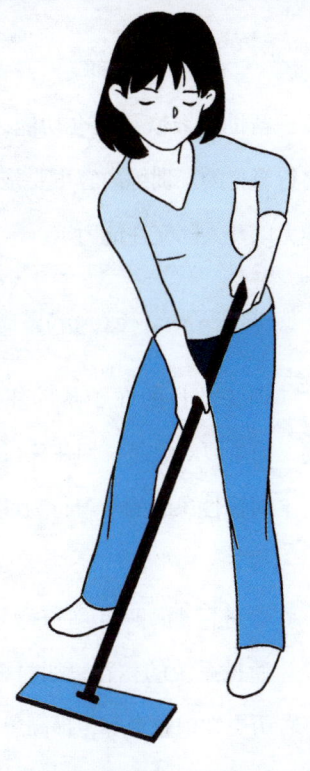

◆ 文体娱乐活动训练

文体娱乐活动训练的重点是培养精神障碍患者参与群体活动，扩大交往接触面，达到陶冶生活情趣、促进身心健康的目的。训练的内容是按患者具体病情的好转程度来选择，包括一般性娱乐与观赏活动，如音乐疗法；带有学习与竞技性的参与性活动，如歌咏、舞蹈、体操、绘画、乐器演奏、球类比赛及其他体育竞赛等。训练的项目一般由易到难，循序渐进。

◆ 社会交往技能训练

帮助患者恢复社会功能，从而达到与他人正常沟通、交往、出行等目的。训练内容主要是培养患者的语言表达能力、情感交流能力以及人际交往能力。

（二）学习行为的技能训练，即"教育疗法"

训练的目的在于帮助住院患者学会处理、应付各种实际问题，而主要对象是长期住院目前不能回归社会的患者。

对慢性患者的学习行为训练一般采取以下两种方法：

◆ 在住院期间对患者进行各种类型的教育性活动

通过系统的教育，如时事教育、卫生常识教育、科普知识教育、历史知识教育等，提高患者的常识水平，培养学习新鲜事物的兴趣与习惯。适合慢性精神障碍患者的教学形式与内容是有一定组织和针对性的，每次训练时间不会太长，一般不超过一小时。

✈ 定期开办培训班

对患者分别归类，如对于存在慢性退缩性症状的患者，一般传授一些简单的文化知识，可以开设培训班，进行初级数学与绘画练习等。

经过在医院系统的康复训练之后，在患者回归社会之前医院会组织患者进一步学习有关技能，开设培训班，如家庭环境布置、衣物清洗、物品采购、财物管理、园艺操作、交通工具使用等。当患者熟知这些基本生存、生活必须掌握的技能后，才能在重返社会以后更好地改善家庭关系，提高社会适应能力。

（三）就业行为的技能训练

就业行为的技能训练主要有三种形式：简单作业训练、工艺制作训练和职业性劳动训练。

要注意的是，在开始康复之前，医生精心地为患者调整服药种类和剂量极为重要。要使患者服用药物的维持剂量达到使患者精神状态最佳、不良反应最小的程度，才能使病人合作程度最佳，有利于康复计划的顺利进行。

知识点

38. 精神康复治疗之出院康复篇

俗话说疾病"三分治,七分养",精神疾病也不例外。精神疾病患者出院后,居家康复和社区康复也是患者重回社会不可或缺的环节。这里,分别给大家介绍一下居家康复和社区康复的主要内容。

居家康复主要内容是家属监护和督促患者配合医嘱,可进一步巩固疗效,减少病情复发。相比于住院治疗,居家康复更有优势,患者离开陌生的医院环境,与家人、朋友待在一起,更有利于患者工作学习、人际交往等各方面能力的恢复。

家属的角色在居家康复中起着重要作用,他们应该注意什么呢?

▽ 细心、全面地观察患者的病情

家属首先应该要注意观察患者的病情变化,掌握其发病的特点、复发的苗头、药物的不良反应以及有无发病的先兆,如:性格改变,睡眠异常(失眠、早醒、多梦),注意力无法集中或学习、工作和社交能力无故明显下降,等等。更为重要的是要识别、关注

患者有无高风险的想法和行为,及时发现并干预。其次要听从医生的指导,妥善照顾患者,督促患者按时按量服药,防止患者自行减、停药或加药,若发现病情复发症状要及时与医生联系,以便更好地调整治疗方案。

学习相关的疾病知识

精神疾病患者的思维和行为很难被理解,家属往往会因为患者表现出来的荒谬想法或异常行为对患者失去耐心。多学习一些精神疾病相关的知识,就显得十分重要。通过学习增加对患者的理解,同时也可以帮助患者顺利渡过疾病的治疗期、巩固期、维持期、康复期,预防疾病复发。

掌握心理疏导的技巧

现代医学指出,心理因素在疾病的发生、发展过程中居于相当重要的地位。家庭的温暖和家人的支持是精神疾病患者康复的重要外部条件。家属应以平和、耐心的态度对待患者,尊重患者人格,生活上给予关心,帮助患者正确认识、对待疾病,客观地分析患者自身的长处和优点,使其勇敢面对困难,建立积极的心态,消除悲观情绪,增强患者生活的信心和战胜疾病的勇气。不对患者过分关注或过分指责,关心但不溺爱,鼓励但不放纵,培养患者"自尊、自爱、自强、自立"的意识。有些患者病前有孤僻、少语、多疑、固执等不良性格特征,出院后家属要多劝慰开导,对不良行为要有意识地进行矫正，同时避免不必要的刺激。

监督患者服药

和患者一起学习药物管理的技能。家属监督患者坚持服药，对降低疾病复发非常重要。家属不仅要监督患者服药，还要观察患者服药后的反应，更要协助患者养成自觉服药的好习惯，这样不但有利于达到坚持用药的目的，还可以适当减轻护理负担。

保证患者的饮食和睡眠

在饮食方面，督促患者按时进餐，保证足够的营养。既要防止患者进食不足，又要防止其吃得太多，因为有些抗精神病药物会促进患者食欲，影响身体的代谢功能，此时家属需适当干预。在睡眠方面，家属要为患者创造良好的睡眠环境，合理安排其作息时间。白天尽量让患者参加一些力所能及的劳动，午休时间不要太长，晚上睡前避免饮用浓茶、咖啡及进食刺激性食物，最好不要在睡前看恐怖小说和影视作品。

促进患者进行人际交往

家属要有目的地促进患者与人进行交往。参加社会劳动是促进患者恢复人际交往最好的办法。家属可以根据医生的指导，利用社区及原单位的支持，如日间工疗站、工厂为患者创造条件鼓励和促进患者参加或恢复力所能及的工作，以助康复。

社区康复是以社区为基础的康复，是指让精神疾病患者在社区得到服务，改善疾病所导致的各种功能缺陷，达到躯体功能、心理功能、社会功能和职业功能的全面康复，最终回归社会。

其主要内容有：

◎督促服药

社区管理人员会督促患者遵医嘱按时按量服药，保证药物治疗的顺利进行。

◎心理支持

对病情稳定的患者及时给予其心理支持和疏导，进行初步的心理社会功能训练。

◎躯体管理训练

目的是提高患者躯体健康水平。主要通过医护人员和社区指定人员针对患者由于精神疾病症状以及药物不良反应所致的活动减少、体能下降、体重增加以及血糖血脂升高等问题，开展并制订个体化的躯体管理计划。

◎职业康复训练

通过角色扮演和模拟训练的方式提高患者的学习和劳动能力，主要包括体能训练、工作适应性训练、职业技能训练等。

精神疾病的康复是一个漫长的过程，不管是医院康复、居家康复还是社区康复，其目的都是帮助患者重新找到自己的优势，重建自己满意的生活。

 ## 康复之路重头戏
——服药管理

对于精神科药物，人们往往心生排斥。有的患者认为这种药吃不得，吃了要"变傻"；有的患者认为这种药含有激素，吃了要发胖；有的患者认为这种药有依赖性，吃了要上瘾；有的患者因为缺乏疾病自知力，认为自己没有病，所以不愿吃药；有的患者因长期服药，自觉久病已成医，就随意调整剂量，不按医嘱服药；还有的则是家属对精神科药物持有偏见，宁可看着亲人饱受精神症状的折磨，也不让患者服用精神科药物。这就是精神科药物在临床应用中所面临的尴尬问题。那现在我们就来聊一聊，精神科药物到底能不能吃？该怎么吃？精神康复治疗的服药管理又是如何做的？

【案例】

张斌，男性，30岁，被诊断患有双相情感障碍已两年，目前在门诊随访，服药控制病情。近一段时间，小张感觉看啥都不顺眼，整个人火急火燎的，常常焦躁不安。出去吃饭，饭店上菜慢了一点他就会不耐烦、发脾气；买东西排队被人碰了一下他就会发怒，与人争吵；想要吃烤肠时一定要立刻、马上吃到，不然一直心烦意乱；脑子里总有许多乱七八糟的声音和想法，说话感觉不经思考，脱口而出，总是会出口伤人。小张和他的家人意识到病情又有波动了，药物需要调整了。但调药的话，需要去医院排队、挂号、就诊、取药，再让医生指导服药。一想到这些流程小张顿时更加焦躁、厌烦，于是这一次他没有像以前一样复诊，而是自己将服用的碳酸锂片每天多加了两片服用，家里人看到他能自己坚持服药治疗，还很欣慰，也就没有干涉他这样的行为。一天天过去了，他按照自己的状态自行加减着药物，似乎身体也没有发生什么不适，小张不禁暗自窃喜。

这天小张突然感觉恶心、胃部不适，且有呕

吐、腹泻的症状，他以为自己是吃坏了肚子，并没有在意。但连续几天下来，小张胃部不适的症状非但没有缓解，还出现了手抖、视物模糊的新症状。这时，他和家人开始紧张起来了，赶紧到医院急诊科做检查。一番化验检查后，医生得出结论："碳酸锂中毒。"好在是轻度中毒，主要影响了消化系统，症状可能会持续多日。如果血液中碳酸锂浓度继续升高，影响到了神经系统，还会出现更严重的不良反应，如昏迷、癫痫等。这一听，小张和他家人吓坏了，回想之前每次定期复诊时，医生都会让自己去验血，当时还觉得很不屑，认为麻烦没必要。经历了这一次，小张说自己再也不会不遵医嘱服药、怕麻烦走捷径了。

第三章 "心灵感冒"的康复之路——康复篇

39. 我的不适，是药物产生的不良反应吗？

规范的服药管理是精神疾病治疗与康复的重要步骤。一般来说，慢性病的患者都能遵医嘱服药，甚至比医生护士要求的还到位。但精神疾病患者却有很大一部分都不能自觉遵守医嘱服药，主要影响因素还是在于患者对于疾病及药物的认知偏差。很多患者以及家属认为精神科的治疗药物很可怕，在认知上放大了药物带来的不良反应，而忽视药物对控制症状和稳定情绪的正向作用。那么，我们来看，要求精神疾病患者天天吃的药，会产生哪些药物反应呢？

抗精神病药物：氯丙嗪、奋乃静，常见不良反应有肢体僵硬、震颤、坐立不安、吞咽困难、乏力、嗜睡等；利培酮、舒必利，常见不良反应有溢乳、女性闭经等内分泌障碍；氯氮平，常见不良反应有流涎、体重增加、便秘、白细胞减少、血糖升高等；奥氮平，常见不良反应有体重增加、血糖升高等；喹硫平、阿立哌唑，常见不良反应有嗜睡、头晕、肢体僵硬、震颤、坐立不安等。

抗躁狂药物（心境稳定剂）常见不良反应有食欲降低、恶心、腹泻、口渴、乏力、眩晕、嗜睡、视物模糊、站立不稳等。

抗抑郁药物常见不良反应有食欲降低、恶心、腹泻、头痛、失眠、焦虑、口干、便秘、排尿困难等。

抗焦虑药物常见不良反应有头晕、嗜睡、疲乏、无力等。

人们常说一句话，"是药三分毒"，药物的不良反应会有，但不是人人都会有。服药不会让精神疾病患者"变傻"，而是阻止患者"变傻"。导致"变傻"（疾病导致的认知功能损害）的元凶并不是药物而是疾病本身。所以，当患者以"药物不良反应"为由拒绝服药时，家属切不可盲目迁就患者，应当陪同患者到医院诊治，各种药物不良反应都是可以获得妥善解决的。

第三章 "心灵感冒"的康复之路——康复篇

40. 我能根据自我情况进行药物调整吗?

很多长期服药的精神疾病患者会在自以为"病情好转"的时候想要私自停药,或者减小剂量;还有些患者,认为这些药物对身体会有损害,又害怕自己依赖药物,一辈子都要靠吃药维持稳定,就会不听医嘱,少吃甚至不吃药;还有一些患者是感觉自己症状又加重了,自行加大药物剂量。其实我们能够理解这些患者想要痊愈的焦急心理,但是,这样的行为是错误的,一方面有可能会导致疾病再次复发;另一方面,会让药物的不良反应不受控制,加重躯体损害。所以,患者想调整药物,必须要在医生的指导下才可以。

有些患者还会遇见这样的问题:在自己不遵医嘱擅自减药或停药后病情波动乃至复发,再次启动治疗程序时会发现,之前的药物没有效果了,控制不住病情,或者同样的药物剂量,治疗不了跟以前一样的症状了,为什么会这样呢?

这是因为初次发病时,持续服药使药物达到了有效治疗量,形成一定的药物"积累",也就是我们所说的"稳定的血药浓度"。一旦停药,在一定时间内,当血药浓度明显低于有效治疗

范围时,疾病就会复发,再治疗时,要达到初次服药所拥有的稳定治疗效果,势必需要加大剂量。

专家建议,要想做到以最小的药物剂量达到巩固疗效、避免复发的目的,唯一的方法是坚持服用维持剂量的治疗药物。由于不同患者所服用的药物剂量不同,所以患者应请有经验的精神科医生根据自己的具体情况酌情调整药物剂量,合理用药,使药物的不良反应降到最小。

那么为什么有这么多的患者甚至家属会产生自我调药的念头呢?

失控感增加

不管是什么原因的自行调药,都反映出患者的失控感增加。患者患病时会有很强的无力感,抓不住自己的生活。所以一旦知道自己可能要依赖什么东西,就会很恐惧,因为当患者有这样想法的时候,失控感已经不知不觉在增加了。

焦虑值升高

有些患者不停问:"我什么时候能好?什么时候可以少吃点药?如果多吃点药可以让我好得更快些吗?"这说明患者很焦虑,而且不接受现状,想要通过加减药量以达到最快的恢复速度,也就是患者迫切希望自己快点好。若患者总是执着于什么时候能好,就意味着还没接受当下患病、情绪不佳的状况,一直想

第三章 "心灵感冒"的康复之路——康复篇

着的是如何摆脱疾病的困扰,而并非正确应对。

❥ 当家属不阻止患者私自调药,说明家属也很焦虑

出院以后,家属肩负着督促和监督患者服药的任务,当患者出现自行调药的想法以及行为,家属不予阻止,说明家属也想要患者尽快摆脱现状。如果这时候家属还鼓励患者自行调药,等于是害了患者。所以患者家属一定要保证自己头脑清醒,再去照顾患者,因为家属是患者最坚实的后盾。

精神类药物跟其他的处方药不一样,不科学地自行调药或停药,可能会引起许多躯体反应及精神症状,其危害性不亚于药物滥用,特别是骤然停药或快速减药,可能会引起撤药反应,严重时甚至会危及生命,所以一定要遵医嘱。如果有质疑可以向医生提出来,但千万不要擅自调药。

知识点

41. 长期服药会形成依赖吗?

很多到精神科就诊的患者都有这样的担心:为什么感觉自己吃了精神科药物就停不了了?吃这类药会产生依赖吗?

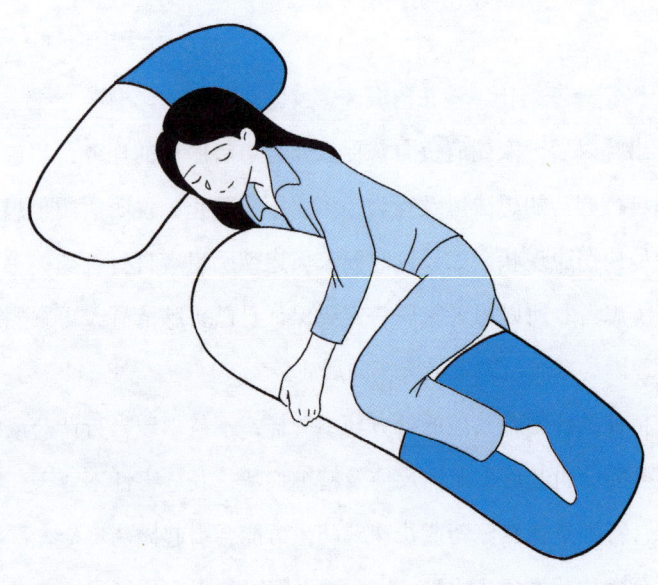

我们常用的精神药物有四大类：抗精神病药物、抗躁狂药物、抗抑郁药物、抗焦虑药物。多数药物都属于治疗性药物，本身并无所谓的"成瘾性"，仅小部分药物具有成瘾性，例如苯二氮䓬类，就是老百姓所说的"安眠药"，这类药物确实需要在精神科医生指导下规范使用，在病情允许的情况下尽量避免大剂量长期使用。

精神疾病的治疗过程中，我们有时候所产生的一些依赖反应并非上瘾的表现，而是一种撤药反应。哪些是上瘾，哪些是撤药反应呢？我们要区分两者之前，得先知道药物依赖性究竟是什么。

药物依赖是指带有强制性的渴求、追求不间断地使用某些药物或物质，以取得特定的心理效应，并借以避免断药时的戒断综合征的一种行为障碍。它分为两种：一是精神依赖；二是躯体依赖。

精神依赖指的是患者对药物的渴望以期获得服药后的一种特殊快感。这种依赖的产生与药物的种类以及特点有很大关系，容易引起依赖的药物有：可待因、吗啡、杜冷丁及巴比妥类等。

躯体依赖指的是患者反复使用药物促使中枢神经系统发生了变化，从而需要药物持续存在于身体当中，以避免出现戒断综合征。

在这两种依赖的基础上，如果患者使用了几次某种药物后感觉好，渴望反复使用，越用越频繁，严重时甚至会出现不够劲的感觉，这个时候的患者已经完全被药物所俘虏了，患者会想方设法获取它，不服用它浑身不舒服，就像陷入了深渊出不来。

什么又是撤药反应呢？

撤药反应是由于长期连续使用某种药物，使机体对药物产生了适应性，一旦停药或减量过快会使机体调节功能失调，从而出现功能紊乱、病情或症状反跳等现象。

简单地说，就是患者在使用了精神科药物之后，由于急性期精神症状的消失，让患者产生了一个假象——"我的病已经好了"，而实际疾病并未根治，只是药物作用控制了症状。这时如果患者和家属急迫地减少药量，还没等药效彻底巩固完成之后就

停药，患者可能就会出现头昏、头疼、恶心、腹泻等症状。而这一系列症状就被患者和家属认为是服用了精神科药物成瘾，对精神科药物有依赖，一停药就不舒服。其实这些反应并非"对药物有依赖性"，而是一种撤药反应。

撤药反应的产生是因为患者长期处于服药的状态，身体各部分机能对这些药物产生了一定的适应性，一旦停药或突然减量，就会让身体的调节功能出现失调，导致身体的一些功能出现紊乱，造成一些"不良反应"。而这些"不良反应"往往让患者产生一种"药物上瘾的假象"。

所以，出现撤药反应并不是表明身体对药物产生了依赖，切勿擅自调药或停药，多与医生沟通交流，遵医嘱服药，才是治疗的关键。

 久"护"成医

精神疾病患者的照顾者其实可以称为"隐形人",他们站在隐蔽的角落默默守护着患者。这一群人有父母、儿女、伴侣,还有兄弟姐妹。对他们而言,漫长的照护过程意味着一场对自身和家庭的马拉松式的"耗竭"。在这个过程中,他们学会了应对精神疾病的叠加、转移以及由精神类药物引起的各种反应。这个过程反复不定又极其琐碎,照顾者只有坚持、坚信、接纳、认可、不断支持、给予力量,才能缓解"耗竭",减少悲剧的发生,患者才能得到正向的康复环境,才有希望从"恶循环"中走出来。

【案例】

杜磊，男性，36岁，两年前因感情问题出现失眠、敏感多疑、胡言乱语等症状，被诊断患有精神分裂症，经药物治疗后症状控制较理想。出院后，杜磊自觉痊愈，便自行停了药，导致病情复发且妄想症状加重，每日烦躁不安，认为自己具有贵族血统，非父母亲生，与父母争执不休。无奈之下，家属将其带至精神专科医院再次住院治疗，此次病情控制也较好。但出院后，由于控制病情需要的服药剂量较大，杜磊渐渐出现了一些药物不良反应：嗜睡、流口水、注意力不集中、心跳加速、体重飙升。他为摆脱这些不良反应再次停药，导致病情又一次复发。

这一次住院治疗后，家属时刻牢记出院当日医生护士的再三嘱咐，认识到服药的重要性以及家属的监护责任，除了无微不至的关怀照护外，每日都系统地落实医护人员交代的康复治疗方案。渐渐地，杜磊原先的敏感多疑、脾气暴躁、妄想、失眠等症状基本消失，亲情感也回归正常，主动对父母嘘寒问暖，对打骂家人的行为充满自责，重拾阅读的兴趣爱好，对以后的生活充满了希望。

第三章 "心灵感冒"的康复之路——康复篇

42. 精神康复的服药管理,家人又该如何配合?

在精神科,患者即将出院时,医生护士在出院宣教中会反复强调药物由家属保管的重要性,其原因是为了防止患者的病情复发和意外情况的发生。

✈ 家属保管药物的主要原因

1. 精神疾病患者大多丧失对疾病的认识和判断能力,有一些对疾病无自知力的患者无求治欲望,不肯服药。

2. 一些病情缓解的患者,认为疾病痊愈,无须继续服药,还有一些患者因病情波动可能不服药或者不按医生的要求继续服药。

3. 具有轻生念头的患者,可能会利用一次性吞服大量药物达到自杀的目的。

4. 有些患者认为自己久病成医,随意加药,剂量掌握不当,发生严重的不良反应,甚至发生急性中毒等严重后果。

5. 有些患者长期服药早已产生厌烦情绪,自认为病情好了,不愿坚持服药。

6. 还有一些患者是害怕长期服药损害大脑,造成药物成瘾，自行减药、停药。

基于以上因素，家属应承担保管好精神药物、监督患者服药的任务。

讲到这里，有些家属可能有疑问了："患者的服药管理不应该是他自己的事吗？出院时医生护士这样告诫我，那就是把这件事全部交给我们家属了吗？那么患者的社会功能康复又该怎么实现呢？"我们可以这样来做做看。

分阶段进行服药管理的家庭康复训练。

📩 第一阶段

药物由家属保管，由家属根据医嘱进行配药，同时告知患者药物的名称、剂量和形状，定时监督或督促患者服下药物，培养患者自愿服药的能力。

📩 第二阶段

药物由家属保管，每日将药品一次性交给患者，并告知其在指定时间服药，逐步养成患者能自主按时服药的习惯。

📩 第三阶段

药物由家属保管，服药前由患者自主配药，家属再进行核对、检查，若有配药错误，家属及时指出，使患者加深印象，避免错服药，培养患者自我管理药物的能力。

第四阶段

药物由患者自行管理，患者自行服药并进行记录，家属及时检查。患者在服药过程中若精神状态出现问题，则返回第三阶段重新进行训练。

知识点

43. 康复期在饮食上有啥"忌口"的？

大家都知道，生病了是需要忌口的，如感冒时不宜食辛辣刺激的食物，腹泻时不宜食生冷的食物。那么，在治疗精神疾病时，饮食方面有哪些需要注意的？有需要忌口的食物吗？

俗话说："吃药不忌口，忙坏大夫手。"饮食所涉及的进食时间、食物成分等都可能通过不同环节影响药物疗效，很多药物和食物都是有相互作用的。食物可影响精神科药物的生物利用度及肠道吸收，一些药物最好与餐同服或在餐后服用，而一些药物则最好空腹服用。例如，常用抗精神病药齐拉西酮应与餐同服，且餐食热量应在500卡路里以上，以保证达到持续最优的生物利用度；空腹服用时，苯二氮类药物的吸收速度较快。

什么是药食相互作用呢？药食相互作用（FDI）是指药物与食物在体内发生的另外新增加的作用，即食物改变药物动力学特性或药物功效学特性或是影响机体营养吸收的作用。药食相互作用的结果有：增强药效、减弱药效、增强不良反应。

我们先了解一下影响精神科药物的一些物质。

酒与烟

酒与烟都属于第一类致癌物，对健康危害极大，酒与烟对精神药物的影响：

1. 酒中影响药效的主要成分：乙醇（酒精）。饮酒可能会导致或恶化精神病性症状。服用氯丙嗪、地西泮等药物时饮酒，会使中枢抑制作用明显增强，引起严重呼吸抑制，甚至中毒死亡；服用丙咪嗪、多虑平、阿米替林等抗抑郁药期间饮酒，会产生镇静作用，降低药效，还会使小肠蠕动减弱，甚至发生肠麻痹。

2. 烟中影响药效的主要成分：多环芳烃类物质。吸烟会降低精神治疗药物如阿米替林、多虑平、地西泮、氯硝安定、硝基安定、氯氮平、奥氮平等在血液中的药物浓度，从而使药效降低。吸烟也会增加抑郁症状发生的风险，成功戒烟能长期改善抑郁症状。

咖啡与茶

影响药效的主要成分：咖啡因。咖啡因是精神活性物质，可引起中枢神经系统兴奋，加重精神病性症状。摄入过多咖啡因可能引发或加重躁狂和焦虑，还会改变正常睡眠节律，增加睡眠潜伏期，引起入睡困难。若患者摄入过量咖啡因用以抵抗氯氮平所致的困倦，还可能引发氯氮平的中毒反应。

值得注意的是，精神疾病患者需要避免摄入的并非仅限于咖啡与茶，还有所有含有咖啡因和茶碱的饮品。所以，除了咖啡和茶以外，还有两类饮品需特别留意。

1. 奶茶，内含有咖啡因，还含有大量的糖、脂肪和反式脂肪酸，对人体的影响很大。

2. 碳酸饮料，危害与奶茶类似。

影响药效的水果/果汁：西柚/西柚汁

西柚/西柚汁可抑制肝酶降解药物的功能，从而导致血液中药物浓度增加，干扰肝前代谢及肠道吸收，进而改变大量精神科

药物的生物利用度。受西柚汁影响的常用精神科药物包括阿立哌唑、氯氮平、喹硫平、利培酮、齐拉西酮、丁螺环酮、阿普唑仑等。使用这些药物期间请注意勿食用西柚或西柚汁。

食盐

锂盐及其他盐类在肾脏的吸收与代谢存在竞争关系，进而造成药食相互作用。因此，在接受锂盐治疗时，应保证稳定的盐摄入量。在夏天，大量出汗时可引发锂中毒，患者应酌情进食一些含盐量较高的食物。服用碳酸锂时，定期监测血锂浓度，尽量保持盐摄入的稳定，不要突然吃太咸或太淡，不可低盐饮食。

精神分裂症患者饮食的注意事项

1. 由于患者进食缺乏自控，容易造成暴饮暴食或营养不良。避免进食增加多巴胺功能的食物，如：咖啡、可乐、雪碧、茶等。

2. 患者出现被害妄想、拒食等情况时，除劝食外，可尝试提供密封包装食品，尽量减少患者疑虑，进而保证营养。

3. 控制高热量饮食。研究表明，随意摄入高热量食物增加了脑细胞的氧化损害，损害学习和记忆能力。精神分裂症患者倾向不锻炼，故易发生肥胖、高血压和糖尿病。

4. 抗精神病药物大都通过改善病情来增进食欲。有的患者不知饥饱，一次进食量较多，易增加胃肠负荷，因此，饮食应定时、定量。

第三章 "心灵感冒"的康复之路——康复篇

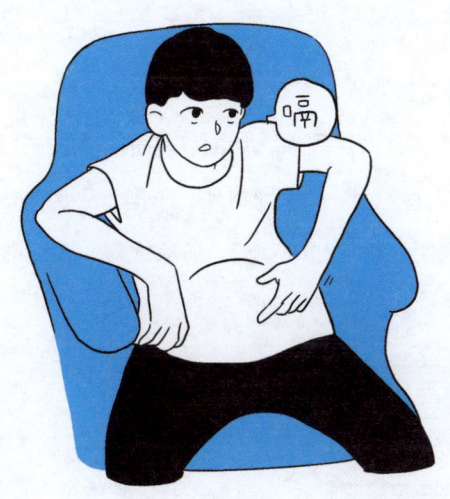

✉ 抑郁症患者饮食的注意事项

1. 避免长期素食,素食会影响抑郁症患者的食欲。注意烹调方法,以色、香、味、形来增加患者食欲,加强患者的意志力,使其充满活力。

2. 有自杀倾向的患者忌食带刺、带骨的鱼(可用鱼丸、鱼片、鱼松、鱼羹等替代),忌用带骨的肉类、有壳的食物和带壳的硬果类,以免患者自伤。

3. 避免进食乳酪。抗抑郁药的作用机理是抑制体内的单氨氧化酶(MAO)。但这种单氨氧化酶抑制剂容易与酪胺发生反应,产生去甲肾上腺素,聚集过多将使血压异常升高,表现出恶心、呕吐、腹痛、腹泻、呼吸困难、头晕头痛等不良症状。富含酪胺的食物有动物肝脏、酸牛奶、巧克力、豆腐、扁豆等。

躁狂患者饮食的注意事项

躁狂患者多有火热现象,如面红耳赤、大便秘结等,所以忌食燥热上火的食物,除辛辣食物外,羊肉、牛肉等应当禁忌。可以食用泻火通便食物,如绿豆汤、清凉饮料、多纤维蔬菜等。

知识点

44. 借你一双慧眼吧——复发先兆症状的识别

精神疾病与其他慢性疾病如糖尿病、高血压很相似,都是容易反复发作的疾病,其中精神病复发率居首位,约80%的患者痊愈后又会再度复发,出院后两年内复发概率最大,情感性疾病复发率为40%~60%。如果停药,复发率会成倍增加。如果5年内坚持服药未复发,5年后复发的可能性则会大大减少。有数据统计,出院后坚持服药的精神分裂症患者中,1年内复发率约为30%,而不能坚持服药的,1年内复发率高达70%。

可见,坚持服药是巩固疗效、防止复发的重要措施之一。即使疾病痊愈,感觉良好,依然需要服用3~5年甚至更长时间的维持剂量,这就如同糖尿病和高血压,几乎是一种终生性疾病,要在相当长的时间内坚持治疗,并对疾病状况进行监控,若放松

第三章 "心灵感冒"的康复之路——康复篇

警惕，将前功尽弃。复发次数越多，治疗效果越差，留有精神残疾越重，复发后新开始治疗的药物剂量也越大。

因此，精神疾病患者一定要在医生的指导下坚持用药，定期到医院复查，无论是药物种类、药量增减还是服药时间长短，都要按医嘱执行，切不可自作主张。

那么，家属可以通过哪些表现来发现患者出现了病情复发呢？通过哪些先兆来进行识别，可以便于家属判断，及时、尽快在专业医生的指导下调整药物剂量和给予心理干预，或到精神科门诊就诊，把复发控制在萌芽阶段呢？

自知力改变

之前能自觉服药的患者不承认自己有病，甚至拒绝服药时，要高度警惕疾病复发。

睡眠习惯改变

睡眠是反映精神疾病病情的"晴雨表",当患者出现不明原因的失眠、早醒,夜间整夜不睡或贪睡、嗜睡时,要警惕疾病复发。

生活能力下降

患者变得生活懒散,不讲个人卫生,也有部分患者会变得过度讲究,终日忙着过度打扮自己。

工作或学习效率明显下降

工作能力下降,纪律松散,不负责任,或者工作、学习时心不在焉,注意力很难集中,成绩和效率也不如以前。

情感障碍

无故发脾气、易激惹、冲动、蛮不讲理、敏感多疑、情感反应迟缓、表情淡漠、孤僻、忧伤,突然变得话多或精神亢奋,对人对事过于热情等。

躯体不适

如头晕、头痛、无力、心慌、食欲不佳、肌肉酸痛等,但这些主诉常变幻不定、模糊不清。

第三章 "心灵感冒"的康复之路——康复篇

言语行为紊乱

自言自语，半夜外出，片段的幻听或出现脱离实际的想法，甚至是离奇荒谬的内容。

知识点

45. 出院以后为什么还要门诊复诊？

现在很多患者及家属认为只要继续服药，并且还有足够的药物，就不用定期来门诊看医生，不用复诊了。有些患者在复诊的时候只要求开药，对于病情不愿意多说，把"定期复诊"简单理解成"定期开药"，忽视了复诊本身的用意。

其实，复诊是医生对患者病情的一次监测，医生与患者进行交流，能连续地、动态地了解治疗的进度，诱导患者暴露出内心的感受，以便早期发现患者病情波动迹象和出现的问题，及时发现并采取措施。定期复诊，便于掌握患者病情变化情况，定期检查患者的各项检查指标，如心电图、血象等。对于长期服药的患者，复诊便于医生掌握患者药物不良反应的程度，根据情况调整剂量，及时对症治疗。同时，复诊能使患者及时得到咨询，医生可以从心理治疗视角帮助患者评估，解除患者在生活、工作、

人际交往和药物治疗中的各种困惑，对预防疾病复发起着重要作用。定期复诊还可以指导家属做好家庭干预。家属作为长期陪伴者，若能早期识别疾病复发的迹象，及时采取措施，常常能有效改善疾病的预后。比如，如果家属发现患者近期出现持续失眠、情绪波动、既往症状再次出现、拒绝服药等现象，要及时就诊，让医生做进一步的观察和处理。

另外，家属应鼓励、引导患者定期到医院复诊，使医生连续、动态地了解患者病情，及时调整治疗方案。

总之，定期复诊对于精神疾病患者来说非常有必要，这样能使医生连续地、动态地掌握患者病情。

第三章 "心灵感冒"的康复之路——康复篇

精神疾病的治疗是个漫长的过程，患者与家属不可避免会有这样那样的疑问，出现焦虑、担心、疑惑等情绪，这些都是正常的。家属需要做的便是一旦察觉到患者目前的治疗存在问题，不要只是紧张担忧，而是应该全面掌握患者目前的情况，然后带上患者的病历和正在服用的药物，去找精神专科医生，寻求专业的帮助。

图书在版编目（CIP）数据

别担心，你只是心灵感冒 / 曹秉蓉，胡丽，马玲著. -- 成都：成都时代出版社，2023.4
（萤火虫心理健康科普丛书）
ISBN 978-7-5464-3022-5

Ⅰ.①别… Ⅱ.①曹…②胡…③马… Ⅲ.①心理学-通俗读物 Ⅳ.① B84-49

中国版本图书馆 CIP 数据核字（2022）第 020471 号

别担心，你只是心灵感冒
BIE DANXIN NI ZHISHI XINLING GANMAO

曹秉蓉　胡丽　马玲　著

出 品 人	达　海
总 策 划	邱昌建　李若锋
责任编辑	张　旭
责任校对	敬小丽
内文插画	陈　都
装帧设计	成都九天众和
责任印制	黄　鑫　陈淑雨

出版发行	成都时代出版社
电　　话	（028）86742352（编辑部）
	（028）86763285（市场营销部）
印　　刷	成都博瑞印务有限公司
规　　格	145mm×210mm
印　　张	5
字　　数	110 千
版　　次	2023 年 4 月第 1 版
印　　次	2023 年 4 月第 1 次印刷
书　　号	ISBN 978-7-5464-3022-5
定　　价	45.00 元

著作权所有·违者必究　本书若出现印装质量问题，请与工厂联系。电话：（028-85951708）